# 学**AI**，懂**设计**

## ——Illustrator应用技巧与设计实例

魏　真　金洪勇　王丽娟　主　编
赵海生　吴振兴　李晓娟　副主编

清华大学出版社

北京

## 内容简介

本书是为了满足现代设计行业对于人才培养的需求而编写的一本专业教材。本书以常见的平面设计产品为教学载体，涵盖了卡片类产品设计、图标设计、字体设计、宣传单的设计制作、图书封面设计、海报设计、UI设计、商业插画绘制和包装盒的制作九个核心项目。通过对这些设计实例的详细讲解和演示，读者可以深入了解设计的原理、方法和技巧，并将其应用到实践中。本书充分利用了微课教学资源，通过视频教学展示项目设计过程，让读者能够获得一对一的辅导体验。同时，每个项目和任务都列出了具体的学习目标，可帮助读者在学习过程中明确知识、能力和素养的提升目标。

本书适合职业学院的数字图文信息处理技术、包装策划与设计、视觉传达设计等相关专业的学生使用，也适用于印刷技术、包装工程技术等专业的学生。此外，本书还可供从事出版、印刷、装帧等工作的人员参考。

**图书在版编目（CIP）数据**

学AI，懂设计：Illustrator应用技巧与设计实例/魏真，金洪勇，王丽娟主编.—北京：清华大学出版社，2024.7

ISBN 978-7-302-66078-1

Ⅰ.①学… Ⅱ.①魏… ②金… ③王… Ⅲ.①图形软件 Ⅳ.①TP391.412

中国国家版本馆CIP数据核字(2024)第072454号

责任编辑：聂军来
封面设计：刘　键
责任校对：袁　芳
责任印制：沈　露

出版发行：清华大学出版社
　　　　网　　　址：https://www.tup.com.cn，https://www.wqxuetang.com
　　　　地　　　址：北京清华大学学研大厦A座　　　邮　　编：100084
　　　　社 总 机：010-83470000　　　　　　　　　邮　　购：010-62786544
　　　　投稿与读者服务：010-62776969，c-service@tup.tsinghua.edu.cn
　　　　质量反馈：010-62772015，zhiliang@tup.tsinghua.edu.cn
　　　　课件下载：https://www.tup.com.cn，010-83470410
印 装 者：三河市龙大印装有限公司
经　　销：全国新华书店
开　　本：185mm×260mm　　　印　　张：16.5　　　字　　数：399千字
版　　次：2024年7月第1版　　　　　　　　　　印　　次：2024年7月第1次印刷
定　　价：59.00元

产品编号：088900-01

# 本书编委会

主　　编：魏　真　金洪勇　王丽娟

副主编：赵海生　吴振兴　李晓娟

参　　编：王丰军　雷　沪　李成龙　石玉涛　刘俊亮

# 前 言

党的二十大报告指出："教育、科技、人才是全面建设社会主义现代化国家的基础性、战略性支撑。"科教兴国战略、人才强国战略、创新驱动发展战略是共同服务于创新型国家建设的三大战略。职业教育培养的技术技能人才是将设计变成产品、产品变成商品、创新变为现实、技术转变为生产力的人才。

在职业教育发展中，教材建设是一个至关重要的环节。教材是教育教学的关键要素，是解决"培养什么人、怎样培养人、为谁培养人"这一根本问题的重要载体。建设现代职业教育体系，提高技术技能人才培养质量，离不开职业教育精品教材。教材建设要注重教材的适用性、科学性和先进性。

本书按照认知规律科学地划分为软件基本操作、元素类设计、综合类设计三大模块，并按照常见产品类型划分为九个项目。本书提供了大量的拓展案例，供学生自主选择学习。本书在项目设置上注重弘扬并传承中国优秀传统文化，以"文化溯源，守正创新"的课程思政建设思路，串联了九个教学项目，有利于增强学生的文化自信。本书注重多种配色工具、盒型库的运用以及对国家标准、行业标准的讲解，体现了新技术、新工艺对教材的引领。教学项目对接高职教育框架等级，注重实操与创新应用，积极与国家教学改革相呼应。在编写过程中，我们充分考虑了教学的实际需求，并以实用性、操作性为原则。

本书具有以下特点。

（1）项目驱动。本书以具体的平面设计项目为主线，让学生在学习过程中能够直观地感受到自己的进步和成长。每个项目都有明确的学习目标，有利于学生对照知识目标、能力目标、素养目标提升自己的水平。

（2）微课展示。本书开发了多种教学资源，利用微课全程展示项目设计过程。优质的微课资源让学生有一对一辅导的学习体验，提高了学习效果。

（3）紧密结合实际。本书的项目内容紧密结合行业需求，旨在培养学生适应职场的能力。学生在完成项目学习后，能够迅速适应相关工作，提高就业竞争力。

（4）知识体系完整。本书涵盖了图形创意与设计的基本知识、设计原理、设计方法等，形成了完整的知识体系，有利于学生从理论到实践的全面提升。

（5）案例丰富。本书选取了大量具有代表性的设计案例，通过分析这些案例，学生可以更好地理解设计原理，提高自己的设计水平。

（6）互动性强。在编写过程中，本书注重与学生的互动。每个项目都有丰富的讨论题，引导学生进行思考和交流，培养学生的创新意识和团队协作能力。

　　由于编者水平有限,加上国内外图形创意理念及设计方法不断推陈出新,书中难免存在疏漏和不足之处,敬请广大读者批评、指正。我们会在今后的教学和研究中不断改进,为读者提供更好的学习资源。感谢广大读者对本书的支持与关注,希望本书能为您带来收获。

编　者

2023 年 12 月

# 目 录

# 项目 一

# 卡片类产品的设计与制作

 项目导读

在人们的日常生活中,各种卡片随处可见,其体积小,携带方便,在很多场合都很适用。卡片设计就是针对人们日常生活中各种类型卡片的外观设计,又被很多设计者称为"方寸之间的艺术"。本项目旨在培养学生对卡片类产品的设计与制作能力。卡片的设计制作产品包括各类纸卡、PVC 卡、IP 充值卡、IC 卡、磁卡、条码卡、贵宾卡、会员卡、工作证卡、医疗卡、金属卡、游戏点卡等近百种卡片。银行卡是指由商业银行发行的具有消费信贷、转账结算、存取现金等全部或者部分功能的电子支付卡片。会员卡泛指身份识别卡,包括商场、宾馆、健身中心、酒店等消费场所的会员认证。会员卡能够提高顾客购买意愿,建立顾客品牌忠诚度。在日常生活中还能够看到许多各种各样的卡片,如会员卡、名片、就餐卡等(图 1-1～图 1-4)。

图 1-1 会员卡

图 1-2 名片

图1-3    银行卡

图1-4    就餐卡

卡片设计要注意以下4个方面。

**1. 构图合理**

各种卡片的设计留给设计者的空间有限,因此构图的合理性非常重要,好的构图可以使卡片主题突出,并具有很高的审美价值。

**2. 体现价值**

卡片的设计需要能够体现价值而不是价格,用好听的、理想的名字唤起客户对消费的向往。

**3. 卡片的级别**

卡片的级别不宜设置太多,特别是会员卡,不要少于三种,也不要多于六种,这样介绍起来才有针对性。会员卡各级别之间的价位应该保持阶梯上升,同时拉大优惠的差距,这样才能充分体现会员制的意义。

**4. 突出纪念**

各种卡片的发行必须有其特殊的原因,特别是邮币卡和银行卡。因此,设计的艺术应该经得起时间的考验,如何进行合理的设计需要设计师仔细地推敲。卡片作为一种特殊的艺术设计作品,在设计元素上有着和其他设计类型作品不同的地方,例如邮币卡必须印有国名、地区名称和发行机构名称。同时,面值是邮币卡不可缺少的元素。

 项目学习目标

**1. 素质目标**

本项目旨在训练学生能够根据客户需求,利用合适的工具,设计出相应风格的卡片类产品。同时,通过优美的版式设计提高学生的审美水平。

**2. 知识目标**

(1) 通过本项目的练习,学生能够了解Illustrator软件的特点、熟悉其界面和基本视图操作。

(2) 通过本项目的练习,学生能够掌握工具箱中"选择工具组""基本造型工具""文字工具组"的用法;熟练使用"路径查找器面板""字符面板""不透明度面板""色板"及"对象菜单命令"对图形进行相应的编辑;掌握"出血"设置的意义与方法。

(3) 通过本项目的练习,学生能够掌握卡片类产品的尺寸;掌握像素图与矢量图的区别;了解分辨率与图像的关系。

**3. 能力目标**

(1) 通过本项目的练习,学生能够使用基本造型工具并通过相应运算完成相应图形的设计。

（2）通过本项目的练习,学生能使用横排或者竖排文字工具输入文字,能够根据产品设计风格要求对文字进行字间距、行间距、字体、字号、对齐等方面的编辑。

（3）通过本项目的练习,学生能利用"文字工具"结合给定素材设计制作会员卡、打折卡、信用卡等卡片类产品。

（4）通过本项目的练习,学生能够结合文字内容搜索合适的图片素材。

 **项目实施说明**

本项目需要的硬件资源有计算机、联网手机;软件资源有 Windows 7(或者 Windows 10)操作系统、Adobe Illustrator CC 2018 及以上版本、百度网盘 App。

# 任务一　超市会员卡的设计与制作

## 一、任务描述

某超市为了拓展市场,在春节前夕要发行一款超市会员卡。该超市为我们提供了必要的设计素材。通过本次任务,学生能够利用所给素材完成超市会员卡的设计与制作,能够熟悉文字工具的使用方法,并利用"字符面板"与"段落面板"合理设置文字的各项参数。

## 二、学习目标

（1）学生通过本任务的学习熟悉 Illustrator 界面各个部分的名称、熟悉矢量图与位图的区别、掌握视图的基本操作。

（2）学生应掌握画板的添加、删除、编辑方法;掌握"出血"设置的意义;了解两种链接与嵌入图片的区别。

（3）学生通过本任务的学习掌握"文字工具"的使用技巧;能够利用"字符面板"与"段落面板"设置文字各项参数。

## 三、素材准备

完成本任务需要安装相关字体并下载与设计内容匹配的图片素材。学生可以扫描本书素材文件二维码,下载任务一的相关素材文件。

素材.rar

## 四、任务实施

### （一）了解 Illustrator 软件

#### 1. Illustrator 概述

Illustrator 将矢量插图、版面设计、位图编辑、图形编辑及绘图工具等多种工具组合使用,广泛应用于广告平面设计、CI(corporate identity)策划、网页设计、插图创作、产品包装设计、商标设计等多个领域。据不完全统计,全球有 97% 的设计师在使用 Illustrator 软件进行艺术设计。

　　因为Illustrator强大的矢量绘图功能，它经常被设计师们用来绘制矢量插画、品牌标志、字体等。因为矢量元素无论如何缩放依旧保持清晰和锐利边缘的特性，所以Illustrator也被广泛应用于出版方面的设计。当然，用Adobe Illustrator(Ai)制作网页、制作界面的也有。除此之外，Ai和其他各种软件都具有不错的兼容性，如Adobe系列的Photoshop和After Effects；目前被设计师广泛使用的3D软件CINEMA 4D(简称C4D)，也经常是在Illustrator里绘制好平面图形后，再导入C4D制作3D模型；以及同样是矢量工具的Sketch，有很多用户界面(user interface，UI)设计师在Ai绘制图标和图形，最后转入Sketch(一款矢量绘图应用)进行调整。

　　Illustrator可以用来绘制人物、卡漫，进行角色创意等，在装饰绘画、制作产品实体及企业标志创意、高级排版、海报制作、各种印刷品制作、CI策划中的应用也非常广泛。同时，Illustrator与Photoshop结合起来可以绘制各种网页按钮。

　　**2. 矢量图与位图**

　　矢量图又称为向量图，其图形元素(点和线段)称为对象，每个对象都是一个单独的个体，具有大小、方向、轮廓、颜色和屏幕位置等属性。

　　矢量图的特点是，能重现清晰的轮廓。其线条非常光滑，且具有良好的缩放性。可任意将这些图形缩小、放大、扭曲变形、改变颜色，而不用担心图像会产生锯齿。矢量图所占空间极小，易于修改。其缺点是，图形不真实生动、颜色不丰富，无法像照片一样真实地再现这个世界的景色。

　　常用的矢量绘图软件有Illustrator、CorelDRAW、FreeHand、AutoCAD、Flash等。使用Illustrator制作完成的矢量图用Photoshop可以直接打开，而且其背景是透明的。

　　位图又称为点阵图、像素图或栅格图，其图像是由一个一个方形的像素(栅格)点排列组成的，与图像的分辨率有关。单位面积内像素越多，分辨率就越高，图像的效果就越好。位图的单位是像素(pixel)。

　　位图的特点是其图像善于重现颜色的细微层次，利用其能够制作出色彩和亮度变化丰富的图像，从而可以逼真地再现这个世界。其缺点是文件庞大，不能随意缩放；打印和输出的精度是有限的。

矢量图与位图
的区别.mp4

　　总之，Illustrator作为一款全面的矢量绘图软件，目前没有能和它比肩的。位图放大后会失真，矢量图放大后还是清晰的。因此，如果我们设计出来的图尺寸变化范围较大，例如大到车体广告，小到徽章胸针，我们都是可以采用矢量图来设计。如果我们更加注重的是图像的细节与特效的表达，我们可以选择位图来设计。矢量图与位图的不同，可扫描二维码。

　　**3. Illustrator界面组成**

　　Illustrator界面主要由菜单栏、控制栏、工具箱、画板、标签栏、面板区等组成，如图1-5所示。

　　(1)菜单栏。与Adobe公司的其他软件一样，Illustrator把大部分的操作命令集合到了菜单里。Illustrator菜单共分为9组，分别是"文件""编辑""对象""文字""选择""效果""视图""窗口"和"帮助"。它们几乎涵盖了所有的操作命令。常用的命令后面会有快捷键的提示，熟记并应用快捷键可以提高工作效率。

　　(2)控制栏。利用"控制栏"可以快速对一些操作进行设定。选择不同的工具、不同的

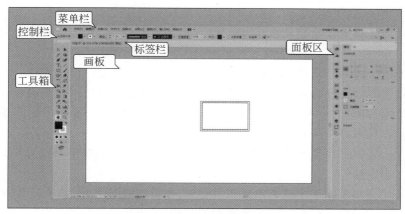

图 1-5　Illustrator 软件界面的各部分名称

对象类型，"控制栏"上的选项也有所不同。例如当选择"文字工具"时，"控制栏"上显示的是与文字属性有关的选项，如图 1-6 所示；当在页面中选择"画板工具"时，"控制栏"上显示的是跟画板有关的选项，如图 1-7 所示。

图 1-6　选择"文字工具"时控制栏状态

图 1-7　选择"画板工具"时控制栏状态

　　（3）工具箱。工具箱有两种排列方式：一种是传统的双排工具显示；另一种是单排工具显示。单击"工具箱"左上角的"双三角"符号，可以在两种方式间进行切换。使用"工具箱"中的工具在页面上直接绘制图形或对图形进行操作既直观又方便。部分工具右下角显示了黑色三角符号，表示此工具组中还有隐藏工具。用单击此工具，会弹出隐藏工具，同时工具右侧会有此工具的快捷键提示。单击相应的快捷键，会切换到相应的工具上。按 Alt 键单击"工具箱"中的工具，可以在隐藏的工具之间进行切换。图 1-8 是 Illustrator CC 2018 的工具箱及所有的工具。

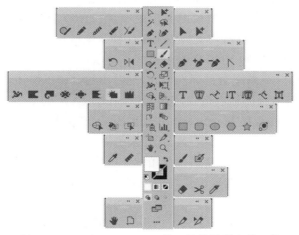

图 1-8　Illustrator CC 2018 的工具箱及所有的工具

**4. 视图的相关操作**

在软件操作过程中会经常会放大缩小视图、拖曳视图,因此我们有必要熟悉视图的相关操作。

通过 Ctrl+"+"组合键可以放大视图,Ctrl+"-"组合键可以缩小视图,按住 Alt 键的同时鼠标滚轮向上滚动可以放大视图,按住 Alt 键的同时鼠标滚轮向下滚动可以缩小视图。视图的缩放范围为 3.13%～6400%。另外,通过导航器调板也可控制图像的显示百分比,在导航器中按 Ctrl 键拖拉可以放大图像任何区域。

抓手工具可用来平移图像,在使用其他工具时按空格键可临时切换为"抓手工具"。

双击抓手工具可用来全页显示,也可以按 Ctrl+0 组合键实现。

视图的
操作.mp4　　扫描二维码可查看视图的相关操作。

**5. 图形文件格式**

所谓文件格式,是指文件最终保存在计算机中的形式,即文件以何种形式保存。因此,了解各种文件格式对图形的编辑与绘制、保存及转换有很大的帮助。

(1) Ai 格式:Ai 格式是一种矢量图形文件,适用于 Adobe 公司的 Illustrator 软件输出,与 PSD 格式文件相同。Ai 文件也是一种分层文件,每个对象都是独立的,它们具有各自的属性,如大小、形状、轮廓、颜色、位置等。以这种格式保存的文件便于修改,这种格式文件可在任何尺寸大小下按最高分辨率输出。

(2) PSD 格式:PSD 格式是 Photoshop 软件专用格式,它可以将图像数据的每一个细节进行存储,包含图像所含的每一个图层、通道、路径、参考线、注释和颜色模式等,信息都保留不变,不会因为存储后而无法修改。

PSD 格式在保存时会将文件压缩,以减少占用的磁盘空间,但 PSD 格式所包含图像的数据信息较多,如图层、通道、路径、参考线等,因此比其他格式的图像文件要大。

(3) JPEG 格式:JPEG 是常见的一种图像格式,它由联合图像专家组开发并命名为"ISO 10918-1",JPEG 仅仅是一种俗称而已。JPEG 的扩展名为 JPEG 或 JPG,其压缩技术十分先进。它用有损压缩方式去除冗余的图像和彩色数据,此文件格式仅适用于保存不含文字或文字较多的图像,或者用于模糊图像中的字迹。JPEG 格式保存的图像文件多用于网页的素材图像,目前各类浏览器均支持 JPEG 这种图像格式。

JPEG 格式支持 CMYK 和 RGB 等颜色模式。

(4) EPS 格式:EPS 是跨平台的标准格式,是专用的打印机描述语言,可以描述矢量信息和位图信息。作为跨平台的标准格式,它类似 CorelDRAW 的 CDR、Illustrator 的 Ai 等。扩展名在 PC 平台上是.eps,在 Macintosh 平台上是.epsf,主要用于矢量图像和光栅图像的存储。

(5) TIFF 格式:TIFF 格式也是一种应用性非常广泛的图像文件格式。它支持包括一个 Alpha 通道的 RGB、CMYK、灰度模式,以及不包含 Alpha 通道的 Lab 颜色、索引颜色、位图模式,并可设置透明背景。

(6) SWF 格式:SWF 格式是基于矢量的格式,被广泛应用在 Flash 中,Illustrator 中创建的图形也可以输出为 SWF 格式的文件,以作为单独的文件或动画的一个单独帧。

**6. Illustrator 的对象着色**

Illustrator 的对象着色可以通过以下几种方式来实现。

（1）双击"填充色" ，通过拾色器拾取颜色，可以改变对象的填充色。

（2）双击"描边色" ，通过拾色器拾取颜色，可以改变对象的描边色。

（3）利用"吸管"工具 可以吸取已有对象的填充色及轮廓色。

（4）按 X 键，切换填充色和描边色的当前位置，用颜色调板设置当前颜色。

（5）按 Shift＋X 组合键交换填充色和描边色。

（6）按 D 键，恢复到系统默认填充色和描边色（填充为白，描边为黑）。

（7）如果操作失误，按 Ctrl＋Z 组合键可撤销多次；按 Ctrl＋Shift＋Z 组合键可以重做恢复。

**7. Ai 系统优化的设置**

对 Illustrator 系统进行一定的优化设置，这样可以减少工作时间，简化操作步骤，从而提高 Illustrator 的运行效率。

（1）优化常规选项。选择"编辑"→"首选项"→"常规"命令，或按 Ctrl＋K 组合键，弹出"首选项"对话框，如图 1-9 所示。

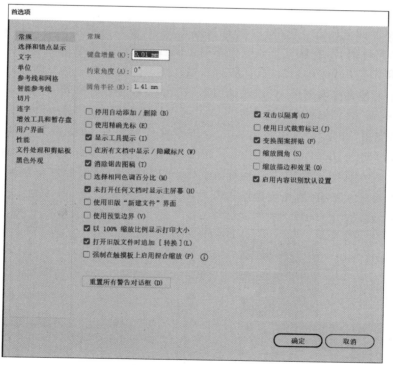

图 1-9　"首选项"对话框

（2）键盘增量（K）：在该文本框中输入数值，可用于控制每次按方向键时被选对象在图形窗口中移动的距离。

（3）约束角度（A）：用于设置正在绘制的图形在未进行旋转操作时，与水平方向的夹角。

（4）圆角半径（R）：用于定义工具箱中圆角矩形工具所绘制出的矩形的圆角半径值。

（5）停用自动添加/删除（B）：取消勾选该复选框，即取消钢笔工具所具有的添加锚点工具或删除锚点工具的功能，也就是说钢笔工具在绘制图形时不能随意添加或删除锚点了。

（6）双击以隔离（U）：默认情况下,这个选项会在双击对象后隔离它以便进行编辑。取消勾选该复选框,仍可以隔离一个选区,但是必须从图层面板的面板菜单中选择"进入隔离模式",或者单击控制面板上的"隔离选中的对象"图标。

（7）使用精确光标（E）：勾选"使用精确光标"复选框,所有光标都被"X"图标所取代,它能清晰地定位正在单击的点。单击 CapsLock 键即可切换至这个设置。

（8）使用日式裁剪标记（J）：勾选该复选框,在选择"滤镜"→"创建"→"裁剪标记"命令为图像添加裁剪标记时,将建立日式的裁切标记。

（9）显示工具提示（I）：勾选该复选框,在 Illustrator 中,当前光标在某工具上停留一秒后,该工具的右下角将自动显示该工具的名称。

（10）变换图案拼贴（F）：勾选该复选框,在变换填充图形时,可以使用填充图案与图形同时变换,反之填充图样将不随图形的变换而变换。

（11）消除锯齿图稿（T）：勾选该复选框,在绘制矢量图时,可以得到更为光滑的边缘。这个设置只影响图像如何显示在屏幕上,不影响图像的打印。

（12）缩放描边和效果（O）：勾选该复选框,在缩放图形时,图形的外轮廓将与图形进行等比缩放。

（12）选择相同色调百分比（M）：勾选该复选框后,可以选择填充色或描边色相同的对象。使用这个特性时,所有填充了该颜色不同色调百分比的对象也都会被选中。

（13）使用预览边界（V）：勾选该复选框,当在图形编辑窗口中选择图形时,图形的边缘就会显示出来。若要变换图形,只需拖动图形周围的变换控制框即可。

**8. Illustrator CC 2018 的新增功能**

（1）可以使用"打开"命令将多页 Adobe PDF 文件导入 Illustrator 中。使用"PDF 导入选项"对话框可将所选 PDF 文件的一个页面、一定范围的页面或所有页面链接或嵌入Illustrator 文档中,如图 1-10 所示。在导入之前,可以在此对话框中查看页面的缩览图。扫描二维码可查看导入 PDF 的相关操作。

图 1-10　"PDF 导入选项"对话框　　　　　导入 PDF 文件.mp4

（2）Illustrator 允许我们控制锚点、手柄和定界框的大小。在使用高分辨率显示屏工作或创建复杂图稿时，我们可以改变它们的大小，以使其更符合我们的需求。具体操作如下。

选择"编辑"→"首选项"→"选择和锚点显示"命令，如图 1-11 和图 1-12 所示。

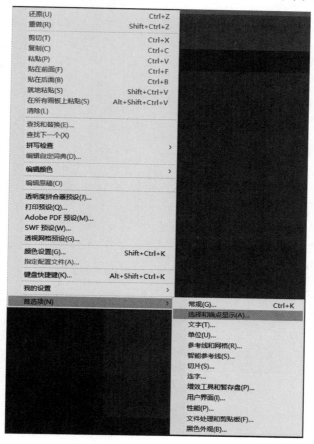

图 1-11　首选项设置

在"锚点、手柄和定界框显示"区域中，将"滑块"向右移动可增大锚点、手柄和定界框的大小。

可以指定手柄是显示为实心还是空心，选择所需的选项，单击"确定"按钮即可。

（3）操控变形工具。利用操控变形工具，可以扭转和扭曲图稿的某些部分，使变换看起来更自然。使用 Illustrator 中的操控变形功能添加、移动和旋转点，以便将图稿平滑地变换到不同的位置以及变换成不同的姿势。扫描二维码可查看该工具使用方法的动画演示。

操控变形工具
的使用.mp4

（4）选择多个画板。执行下列操作可以选择多个画板。

按住 Shift 键单击画布，然后拖动光标使用选框控件选择多个画板；或在文档中按 Ctrl+Cmd+A 组合键可选择所有画板。

可以在"对齐"面板或"控制"面板中对齐或分布选定的画板。选择要对齐或分布的画板，在"控制"面板中，单击"对齐"，然后单击希望使用的对齐或分布类型的图标；或选择"窗口"→"对齐"命令，然后单击要使用的对齐或分布类型的图标。

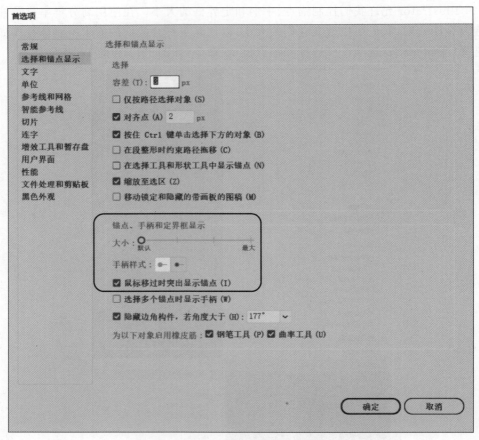

图 1-12　锚点、手柄和定界框显示设置

　　(5) 增强的导出体验。在 Illustrator 的"资源导出"面板中收集对象,以便将其作为单个资源或多个资源进行导出。将图稿拖动到"资源导出"面板,或者右击图稿的某个部分,然后从"上下文菜单"中选择"收集以导出"作为多个资源,如图 1-13 所示。

图 1-13　"多个资源"的导出

　　在导出资源时,默认情况下 Illustrator 会根据选择的缩放选项在导出位置创建相应的子文件夹。例如,如果在"资源导出"面板中选择多个缩放格式(1x、2x 和 3x)将文件导出为 PNG,则 Illustrator 会为导出的文件分别创建名为"1x""2x"和"3x"的子文件夹。对于

不支持缩放的格式，Illustrator 会根据要导出的文件格式来命名子文件夹，例如 SVG 和 PDF。

Illustrator 的其他新增功能如下。

（1）"首选项"选择和锚点显示，然后取消选择缩放至选区选项。

（2）无须重新选择"文本"工具，即可创建文本对象、选择文本或按顺序编辑文本。

（3）将鼠标光标悬停在"控制"面板和"字符"面板中的字体上方，便可以预览字体特征，例如大小、样式、行距和字距调整。

（4）为复合字体启用"缺少字体"对话框。如果文档的复合字体中缺少某一种或多种字体，在打开文档时会显示一条警告信息。

（5）"文本插入"符号具有更快的响应速度。当键入时，"文本插入"符号会立即出现在屏幕上。当更改字体大小时，文本插入符号的长度会随之相应增加或减小。

（6）在段落中的任意位置连续单击三次或者使用 Shift＋PageUp/PageDown 组合键时，Illustrator 将会选择整个段落，即便段落中包含强制换行符。

（7）当将专色转换为印刷色（CMYK）时，Illustrator 会根据国际色彩联盟（ICC）规定的标准显示正确的 CMYK 值。

（8）操作面板中的脚本在重新启动 Illustrator 时得以保留。

（9）默认情况下，新色板即为一个全局色板。

（10）"新建文档"对话框的改进："新建文档"对话框在文本框（例如"宽度"和"高度"）中显示测量单位。在"新建文档"对话框中使用加、减、乘、除公式可快速计算预设尺寸。

（11）可以指定文档的颜色模式、栅格效果和预览模式。在 Illustrator 中使用"路径"→"连接"（组合键：Ctrl＋J）命令来连接复合路径的端点和不同组中的图稿。当移动包含 Illustrator 文档和链接文件的文件夹时，Illustrator 会自动查找链接的文件并使用 Illustrator 文档的当前路径更新这些文件。

**9. 对象的类型及选取**

将 Illustrator 软件中的编辑内容称为对象。对象包括路径、文本、图像三大类，如图 1-14 所示。符号、图案等编辑对象可以与路径对象相互转换。

路径的生成有两种方式：一种为基本造型工具，另一种为钢笔工具，也叫作高级造型工具。路径有两种属性：描边与填充。图 1-15 为同一个复合路径的三种不同属性，三幅图分别表示的是"描边""填充""既有填充又有描边"。

文本对象的属性包括字体、字号、字间距等。选中文本对象后，右击，通过"创建轮廓"（或组合键：Shift＋Ctrl＋O），可以将文字对象转变成图形，如图 1-16 所示。

在 Illustrator 软件中要对对象进行编辑，首先要选中该对象。选择对象的工具有以下几种。

1）选取工具 ▷（快捷键：V）

"选取工具"具有选取和移动整个图形对象、路径或文字块的功能，也具有缩放、旋转、复制的功能。其具体用法如下。

图 1-14　Illustrator 软件中的
　　　　　主要编辑对象

描边　　填充　描边+填充

图 1-15　路径的三种属性　　　　　图 1-16　创建轮廓

（1）缩放：按 Shift 键，等比例缩放。

按 Alt＋Shift 组合键，由中心向内或向外等比例缩放。

（2）旋转：按 Shift 键，约束以 45°倍数的角度旋转。

（3）移动：按 Alt 键，复制对象。

（4）选取：按 Shift 键，减选/加选对象。

**注**：不管当前正在使用的是什么工具，按住 Ctrl 键均可激活"选取工具"。按 Ctrl＋Tab 组合键，可在"选择工具"和"直接选择工具"之间进行切换。按鼠标左键并拖选选取对象，所框到的区域对象都将被"选中"。

2）直接选取工具 ▶（快捷键：A）

"直接选取工具"用来选取或移动"锚点"。其用法如下。

（1）拖选选取对象，所框到的对象上的节点和路径段均被选中。

（2）选取时按 Shift 键，可以加选或减选节点；按 Alt 键，单击对象选中所有锚点，再按住左键拖动可完成复制。

（3）按住 Ctrl 键可以在"选取工具"和"直接选取工具"之间进行切换。

3）组选取工具

有时候为了方便，我们会把相关的几个对象进行编组，可以通过同时选中几个需要编组的对象，右击完成（快捷键：Ctrl＋G）。编组后，如果我们要再次选取其中一个对象而不想取消编组，就需要使用"组选取工具"。"组选取工具"用来选取和移动成组对象中的子对象。其用法比较简单，单击即可选中子对象进行移动等操作，再次单击即可选中整组对象。

在 Illustrator 软件中常见的对象管理有以下几种。

（1）锁定（组合键：Ctrl＋2）与解锁（组合键：Ctrl＋Alt＋2）：锁定后，对象不会被选中，也不会被再次编辑。

（2）隐藏（组合键：Ctrl＋3）与显示（组合键：Ctrl＋Alt＋3）：隐藏后，对象暂时在视图中消失。但是并没有被删除，通过设置后还可以回到视图。

（3）群组（组合键：Ctrl＋G）与解散（组合键：Ctrl＋Shift＋G）：编组工具能够把相关的图形编组以方便操作。

## （二）新建文件

任何一个新的设计，都需要从"新建文件"开始。新建文件操作包含一些重要的选项与参数设置，这些设置直接决定我们的文件能否满足客户的要求。

执行"文件"→"新建"命令，或按 Ctrl＋N 组合键，弹出"新建文档"对话框。

图 1-17 是 Illustrator CC 2018 的"新建文档"对话框。单击"打印"选项，在其右侧参数栏设置名称为"超市会员卡"，"画板"数量为"2"，"宽度"为"90mm"，"高度"为"54mm"，四边"出血"为"3mm"。单击"创建"按钮，可创建一个空的新文档。

图 1-17 "新建文档"对话框

单击"更多设置"按钮以指定其他选项，如图 1-18 所示。

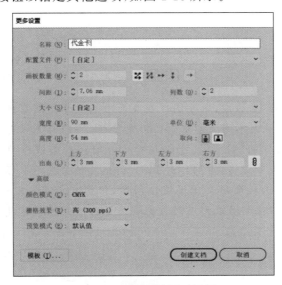

图 1-18 "更多设置"对话框

### (三)置入底图与素材

执行"文件"→"置入"命令,弹出"置入"对话框,如图 1-19 所示。选择预先制作好的素材"项目 01\底图.tif",勾选"链接"复选框,单击"置入"按钮将其置入页面中。为了防止"底图"在后面的编辑过程中被误编辑,可以选中"底图",使用"对象"→"锁定"→"所选对象"命令锁定底图;还可以利用 Ctrl+2 组合键锁定所选对象,Ctrl+Alt+2 组合键解锁对象。扫描二维码查看"置入"的动画演示。

置入底图.mp4

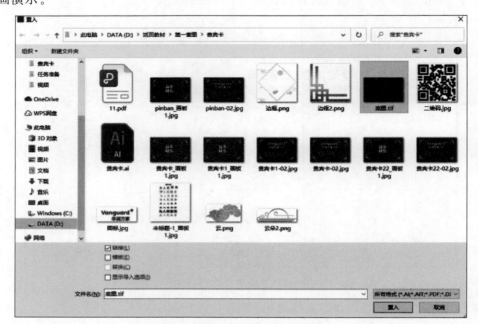

图 1-19　"置入"对话框

## 【知识拓展】

### 1. 链接

勾选和不勾选"链接"复选框,对于图像在页面中的显示是没有什么区别的,但对于图像与文档之间的关系却有很大不同。勾选"链接"复选框,图像与文档是一种链接关系,页面中显示的只是这个图像文件的"投影"。当把这个 Illustrator 文档移动到其他计算机里时,需要把这个图像文件同时复制过去,否则打开 Illustrator 文档会提示找不到这个文件,如图 1-20 所示。不勾选"链接"复选框则不会出现这个问题,但 Illustrator 文档会因为嵌入了这个图像文件而变得很大(占磁盘空间很大),同时也会降低软件的运行速度。

图 1-20　找不到"链接文件"的提示

**2. 文件打包**

　　首先将制作好的文件保存,然后选择菜单栏中的"文件"→"打包"命令,在打开的"打包"对话框中进行设置,如图 1-21 和图 1-22 所示。文件打包过程可扫描二维码查看动画演示。

图 1-21　文件打包　　　　　　图 1-22　"打包"对话框　　　　　　文件打包操作.mp4

## （四）置入素材

　　将其他素材置入画面中并将其放置到合适位置,如图 1-23 所示。扫描二维码查看其置入过程。

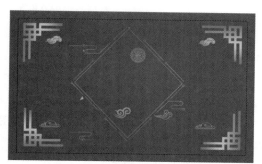

图 1-23　置入其他素材　　　　　　置入其他素材.mp4

## （五）编辑文字

　　利用"直排文字工具"编辑古诗文,具体参数如图 1-24 所示。图 1-25 所示为标题文字的设置。

　　最终产品设计效果如图 1-26 所示。其他文字部分的制作过程参考二维码。

图 1-24 "古诗文"的部分文字参数设置　　　　　图 1-25 标题文字参数设置

图 1-26 "超市会员卡"制作完成　　　　　其他文字部分的制作.mp4

## 【知识拓展】

1. 文字工具的类型

工具箱中的文字工具包括文字工具、区域文字工具、路径文字工具、直排文字工具、区域

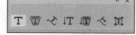

直排文字工具、路径直排文字工具修饰文字工具，如图 1-27 所示。

图 1-27 文字工具组

2. 功能介绍

各种文字工具的具体功能如下。

文字工具：选中该工具，在"画布"上单击以创建文字，拖动或单击一个闭合路径则可以创建"段落文字"。

区域文字工具：选中该工具，单击一个"闭合路径"可创建段落文字，并且文字限制在"闭合路径"之内。

路径文字工具：选中该工具，单击"路径"可使文字沿着路径"走"。

直排文字工具：选中该工具，在"画布"上单击可创建直排文字。

区域直排文字工具：选中该工具，单击一个"闭合路径"，可使直排文字限制在"闭合路径"之内。

路径直排文字工具：选中该工具，单击"路径"可使直排文字沿着路径"走"。

修饰文字工具：选中要修改的文字，会出现一个定界框，以用于不同变换的控制点。可以调整被选中文字的字体、颜色、位置等性质。

3．"文字工具"快捷键

文字工具的快捷键可以帮助用户大幅提高工作效率。表 1-1 列出了文字工具的快捷键。

表 1-1　文字工具的快捷键

| 功　　能 | 快　捷　键 |
| --- | --- |
| 选中文字工具 | T |
| 显示/隐藏开放文字面板 | Alt+Shift+Ctrl+T |
| 显示/隐藏字符标志 | Alt+Ctrl+I |
| 显示/隐藏字符面板 | Ctrl+T |
| 创建轮廓 | Shift+Ctrl+O |

4．光标状态详解

"文字工具"下光标的状态不同，所代表的含义也不尽相同。在使用文字工具时一定要随时注意光标的状态，不然就会出现操作失误。光标状态及其含义如表 1-2 所示。

表 1-2　光标状态及其含义

| 光标状态 | 光标状态的含义 |
| --- | --- |
| | 准备开始放置文字 |
| | 准备开始放置段落文字 |
| | 准备开始在路径上放置文字 |
| | 准备开始放置直排文字 |
| | 准备开始放置直排段落文字 |
| | 准备开始在路径上放置直排文字 |
| | 路径文字或段落文字超出段落框时，直接选择工具单击"+"时出现，新的位置可放置超出段落框的文字 |
| | 路径文字，直接选择工具，放置在路径文字末端的竖线时出现此光标，可设置路径文字的末端 |
| | 路径文字，直接选择工具，放置在路径文字中间的竖线时出现，可拖动路径文字，改变其位置 |
| | 输入过程中"光标闪动" |

5．配合键盘控制

（1）选中文字工具时，按 Shift 键可在"横排文字工具"和"直排文字工具"之间切换。

（2）当输入文字时，按 Esc 键可退出"文字工具"，进入选择工具并选中当前文字。

6．文字工具相关面板

文字编辑是 Ai 的一个重要的功能，因此有很多选项可供选择。当大部分的工作和文字编辑有关时，可在 Ai 中为之设定相应的工作区。打开"窗口"→"工作区"→"文字"，该工作区列出了一些基本的文字编辑面板。如果需要更多的面板，可以打开"窗口"→"文字"。

下面讲述一些重要的面板。

1）字符面板："窗口"→"文字"→"字符"

字符面板是主要的文字设置区域,改变文字外观的大部分选项都在这里,如图1-28所示。以下是一些主要术语。

"字体类别"：文字的字体样式。

"文字风格"：粗体、细体等。

"行间距"：文字每一行之间的距离。

"字距"：文字与文字之间的距离。

"文字间距"：选中的文字的间距。

"水平拉伸"：改变文字宽。

"竖直拉伸"：改变文字高。

"文字旋转"：改变文字方向。

"基线位移"：与其他文字在基线上的相对位移。

2）段落面板："窗口"→" 文字"→"段落"

段落面板用来定义段落文字的格式,包括缩进、对齐方式、段落间距等,如图1-29所示。

图1-28　字符面板

图1-29　段落面板

值得注意的是,连字符的选项"连字"。当选中"连字"复选框时,超出的文字在换行时允许用连字符连接,但是连字符是基于当前所选中的语言来确定的,所以务必确保在"字符面板"中选择了与文字相对应的语言。这个选项针对英文,对于中文来说基本没有意义。

3）开放文字面板："窗口"→"文字"→"开放文字"

该面板可控制文档中使用"开放文字"部分的显示效果,所使用的"开放文字"中可以替换的符号详见"符号面板"。

4）符号面板："窗口"→"文字"→"符号"

"符号面板"显示了包含在字体中可以替换的字符。输入文字时,只要单击所要插入的字符,就可以插入文档中。此面板可以缩放缩略图,使用下拉菜单可以对字符进行分类筛选。

5）字符样式面板："窗口"→"文字"→"字符样式"

在一个大项目中,可能包含几种不同的字符样式,而且这几种字符样式会重复出现。这时,字符样式就显得非常有用。这类似于InDesign的定义样式和网页制作中的CSS。预先制定好字符样式,如字号、颜色、字体等,可在文档中重复利用。

6）段落样式面板:"窗口"→"文字"→"段落样式"

和字符样式相同,只不过段落样式用于改变段落格式。

7）制表符面板:"窗口"→"文字"→"制表符"

文字被选中时,打开"制表符面板",该面板会立即出现在文字上方。在"制表符面板"进行调整,文字可随机跟着改变。

8）文字工具栏

"文字工具栏"提供了一些非常常用的设置选项,可进行高效方便的操作,而且会随着选择工具的不同而变动。如图 1-30 所示,"段落对齐选项"变成"直排文字的对齐选项",因为当前选中了"直排文字工具"。

7. 文字工具相关设置

执行"编辑"→"首选项"→"文字"命令,可以进行文字工具相关设置。下面列出一些比较重要的选项进行讲解,如图 1-31 所示。

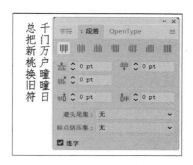

图 1-30　段落文字面板内容与文字工具类型有关

（1）"大小/行距（S）":在使用快捷键更改文字时的递增值。

（2）"字距调整（T）":在使用快捷键更改文字间距时的递增值。

（3）"基线偏移（B）":在使用快捷键更改文字基线时的递增值。

（4）"仅按路径选择文字对象（Y）":选中后,只能通过选中路径而选中文字。

（5）"启用菜单内字体预览（P）":预览文字的字体及大小。

（6）"最近使用的字体数目（F）":最近使用的文字出现在字体选择栏中的数量。

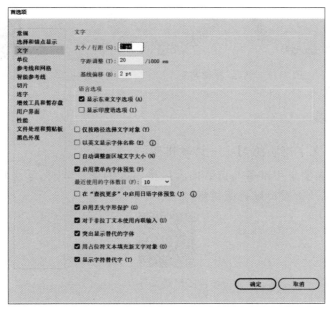

图 1-31　"首选项"中文字的相关设置

8. 其他小技巧——串接文字

当段落文字超出段落框时,会出现如图 1-32 所示的"红色加号"。单击"加号",并在"画布"其他地方单击,就会出现一个大小相同的段落框,可用于放置超出的文字。单击"红色加号",并向其他地方拖曳,则可以自定义新的段落框的大小。

9. 删除空的文字对象

执行"对象"→"路径"→"清除"命令,再选择"清除空文字"命令,如图 1-33 所示,可把一些没有内容的文字对象删掉。

图 1-32　串接文字　　　　　　　　　图 1-33　清除空文本对象

10. 处理路径文字

路径文字开头、中间和末尾处有三根细竖线,如图 1-34 所示。用"直接选择工具"拖曳,可以设置文字的起点和末端。选中"中间的细线",还可以对文字进行移动、垂直翻转。路径文字的垂直翻转也可以通过菜单来实现。选择"文字"→"路径文字"→"路径文字选项"命令,选中"翻转"即可。扫描二维码可查看文字工具的基本用法。

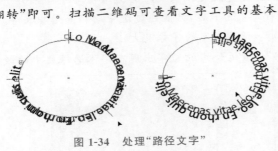

图 1-34　处理"路径文字"　　　　　　　　　文字工具的基本用法. mp4

## 五、任务拓展

**任务拓展一　文字排版练习——诗歌排版**

诗歌排版练习需要学生准备与诗歌内容风格匹配的图片素材,学生可以扫描二维码自行下载相关素材,以及查看诗歌排版讲解。

诗歌排版素材文件及讲解

（1）新建文件尺寸为 340mm×260mm，其他设置如图 1-35 所示。

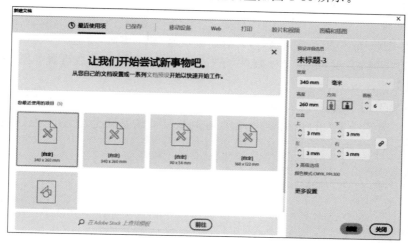

图 1-35 新建文件

（2）文字的详细参数设置如图 1-36 和图 1-37 所示。

图 1-36 "诗歌正文"字符的设置

图 1-37 "诗歌标题"字符的设置

（3）"诗歌排版"最终效果如图 1-38 所示。

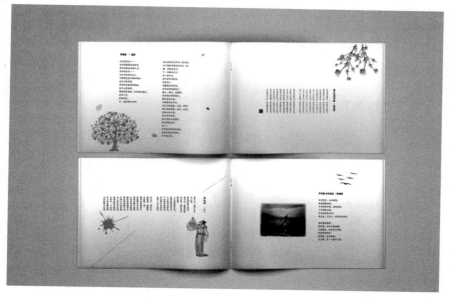

图 1-38 "诗歌排版"最终效果

### 任务拓展二　文字海报（一）

**1. 新建文件**

新建一个 210mm×297mm 的文件，"画板"数量为"1"，"出血"的上、下、左、右均为"3mm"，"颜色模式"为"CMYK 颜色"，"光栅效果"是"高（300ppi）"，详细参数设置如图 1-39 所示。

**2. 绘制文件背景**

使用"矩形工具" 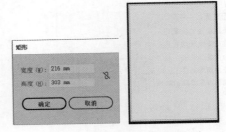 在画面中单击，设置"宽度"为"216mm"，"高度"为"303mm"，如图 1-40 所示。为了满足"出血"的要求，需要在画板尺寸的基础上，上、下、左、右各加 3mm。

图 1-39　新建文件的参数设置

图 1-40　背景尺寸与效果

**3. 置入素材**

置入"拳头"素材，摆放位置如图 1-41 所示。中间的"拳头"可以放在居中靠上的位置，两边的"拳头"互相对称即可。

**4. 输入文字**

输入"生活"，详细参数如图 1-42 所示。

图 1-41　置入素材

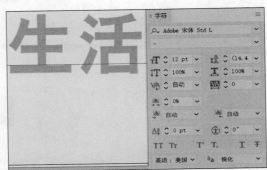

图 1-42　"生活"文字的详细参数

5. 绘制矩形

在"生活"两个字的上方绘制矩形,并用"吸管工具" 🖋 吸取背景部分的颜色,如图 1-43 所示。

6. 输入其他部分的文字

输入其他部分的文字,如图 1-44 所示。

"不会欺骗你"的字体为"汉仪粗圆简体","字号"为"48pt";"Belive in yourself"字体为"汉仪粗圆简体","字号"为"20pt";"越努力越幸运"字体为"汉仪粗圆简体","字号"为"60pt";"做最好的自己"字体为"汉仪大黑简体","字号"为"24pt"。"海报"最终效果如图 1-45 所示。

这里我们可以将海报中的文字"越努力越幸运"换成自己的文案,试一下在文字字数不同的情况下,我们的排版需要做哪些调整?

图 1-43　绘制矩形

图 1-44　输入其他部分的文字

图 1-45　"海报"最终效果

## 【知识拓展】

1. 直线段工具的使用方法 🖋

利用"直线段工具"(快捷键:/)可以建立简单的线条和几何形状,其用法如下。

(1) 按住 Ctrl 键,在空白处单击可取消对"直线"的选择。

(2) 按住 Shift 键,可以绘制 45°的整数倍度数的直线。

(3) 按住 Alt 键,可以绘制一个"以某一点为中心向两端延伸的直线段"。

(4) 按住 ~ 键,可以在页面上绘制出多个大小不同重叠的对象。

(5) 按住 Alt + "~" 组合键,可以绘制多条"通过同一点并向两端延伸的直线段"。

(6) 按 Backspace 键,可对绘制的对象进行冻结。

双击"直线段工具"或者在页面上单击,可以弹出直线段的选项,如图 1-46 所示。

长度:用来指定线条的总长度。

角度:指定从线条的参考点起算的角度。

线度填色:指定是否使用目前的填充色来填色线条。

"线条"的颜色与"描边"粗细可以通过"窗口"→"描边"命令打开"描边"面板进行调整,如图 1-47 所示。

越努力
越幸运.mp4

图 1-46　"直线段工具选项"参数

2. 弧形工具的使用方法

利用"弧形工具"可以绘制任意的弧形和弧线，其用法如下。

（1）按住 Alt 键在画面中拖动，即可以绘制以参考点为中心向两边延伸的弧形或弧线。

（2）按 F 键，可以翻转弧形。

（3）按 C 键，可以在开启和封闭弧形间切换。

（4）按"↑"方向键或"↓"方向键，可以增加或减小弧形的角度。

（5）双击"弧形工具"或者在页面上单击，可以弹出"弧线段工具选项"对话框，如图 1-48 所示。

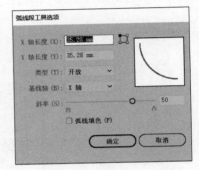

图 1-47　"描边"面板参数设置　　　　图 1-48　"弧线段工具选项"对话框

X 轴长度：用来指定弧形的 X 坐标轴的长度。

Y 轴长度：用来指定弧形的 Y 坐标轴的长度。

类型：用来指定对象拥有开放路径或封闭路径。

基线轴：用来指定弧形的方向。选择 X 坐标轴或 Y 坐标轴取决于要沿水平 X 坐标轴或垂直 Y 坐标轴绘制弧形的基线而定。

斜率：用来指定弧形斜度的方向。如果输入负值则为凹斜面，如果输入正值则为凸斜面，斜率为 0 时会建立一条直线。

弧线填色：使用目前的填充色来给弧形填色。

3. 矩形、圆角矩形和椭圆形工具的使用方法

（1）按 Shift 键，绘制一个长宽相等的正基本形状。

（2）按 Alt 键，以鼠标单击的点为中心点开始绘制基本形状。

（3）按 Alt＋Shift 组合键，以鼠标起点为中心向外绘制正基本形状。

（4）按 Backspace 键，暂时"冻结"正在绘制的基本形状，此时可拖动对象到绘图区任意位置以重新定位，松开后就可继续绘制。

（5）按"～"键，可以以绘制对象的起点为中心复制对象。

（6）绘制"圆角矩形"时可以按住"↑"方向键增大圆角，按住"↓"方向键减小圆角半径，按住"←"方向键可去除圆角，按住"→"方向键可设置最大圆角半径。

（7）若要绘制准确大小的形状，选中工具后在工作区域任一位置单击，在出现的对话框中可设置尺寸。

（8）使用 Ctrl＋A 组合键可以选择页面上的所有对象，使用 Ctrl＋Alt＋A 组合键可取消所有对象的选择。

4．多边形、星形、螺旋形的绘制

多边形、星形、螺旋形的绘制是从中心向四周开始的。其使用方法如下。

（1）按 Shift 键，可把多边形（星形、螺旋形）摆正，并与基线对齐。

（2）按 Alt 键，使星形的每个角两侧的"肩线"在一条线上。

（3）按 Ctrl 键，调整星形内部顶点的半径，即星形每个角的尖锐度。

（4）按 Backspace 键，暂时"冻结"正在绘制的对象，拖动鼠标可放到合适位置。

（5）按"～"键，可以以绘制图形的起点复制对象。

（6）绘制过程中可以以对象的中心点为基点缩放、旋转对象。这时按"～"键，可边缩放、旋转边复制对象。

（7）绘制时，利用键盘上的上下方向键，增加或减少多边形（星形、螺旋形）的边（圈）数。注：多边形和星形的边数为 3～1000。

（8）在绘制过程中，按 Shift 键可以使螺旋线以 45°增量旋转。

（9）按 R 键，可改变"螺旋线"的旋转方向。

**任务拓展三　文字海报（二）**

**1．新建文件**

新建一个 210mm×297mm 的文件，"画板"数量为"1"，"出血"的上、下、左、右均为"3mm"，"颜色模式"为"CMYK 颜色"，"光栅效果"是"高（300ppi）"，详细参数如图 1-49 所示。

**2．绘制背景**

绘制一个 216mm×303mm 的矩形，背景颜色的设置如图 1-50 所示。

**3．文字的输入与编辑**

输入大写字母"M"，具体设置如图 1-51 所示。

图 1-49 "新建文件"的参数设置

图 1-50 背景颜色的设置

图 1-51 "字符"的设置

输入单词"DREAM",其具体设置如图 1-52 所示。

绘制四个圆角的矩形,颜色设置如图 1-53 所示。

输入文字"自己",字体设置如图 1-54 所示。

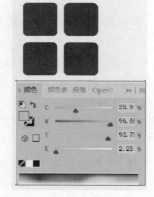

图 1-52　文字设置(1)　　　图 1-53　"圆角矩形"的颜色设置　　　图 1-54　文字的参数设置

文字"先做起来"的相关设置如图 1-55 所示。

文字"GET IT DONE"的相关设置如图 1-56 所示。

文字"IMPORTANT ONLY APPROCH"的相关设置如图 1-57 所示。

图 1-55　文字设置(2)　　　图 1-56　文字设置(3)　　　图 1-57　文字设置(4)

文字"自己先做起来再劝别人"的文字设置如图 1-58 所示。

各种图形文字的位置关系及最终海报效果如图 1-59 所示。

图 1-58　文字设置(5)　　　图 1-59　"海报"最终效果　　　自己先做起来.mp4

## 【知识拓展】

1. 魔棒工具(快捷键："Y")

利用魔棒工具可以选取具有相同(相似)填充色、笔画色、笔画宽度或混合模式的图形。

双击"魔棒工具",弹出如图 1-60 所示的"魔棒工具面板",默认情况下只选择"填充颜色"。

填充颜色:可以选取填充颜色相同的或相似的图形。

容差:用来控制选定的颜色范围,值越大,颜色区域越广。

描边颜色:可以选取出笔画颜色相同或相似的图形。

描边粗细:可以选取笔画宽度相同或相近的图形。

不透明度:可以选取出不透明度相同或相近的图形。

混合模式:可以选取相同混合模式的图形。

2. 直接套索选取工具(快捷键:Q)

选取对象上的一个或多个"锚点"进行编辑。

选取时,按 Alt 键或 Shift 键可加选或减选"锚点"。

3. 光晕工具

运用"光晕工具"可以绘制出具有闪耀效果的图形。该图形具有明亮的中心、晕轮、射线和光圈,若在图形对象上使用,可获得类似镜头光晕的特殊效果。

选取工具箱中的"光晕工具" ,单击并拖曳,可确定光晕效果的整体大小,移动鼠标至另一个位置处以确定光晕效果的长度,释放鼠标即可以绘制一个光晕效果。在页面上单击可以弹出"光晕工具选项",如图 1-61 所示。

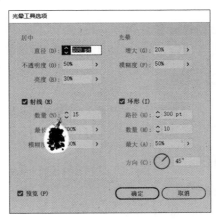

图 1-60　魔棒工具面板　　　　图 1-61　光晕工具选项

直径:用于设置光晕中心点的直径。

不透明度:用于设置光晕中心点的透明程度。

亮度:用于设置光晕中心点明暗的强弱程度。

增大:用于设置光晕效果的发光程度。

模糊度:"光晕"选项区中的"模糊度"选项用于设置光晕效果中"光晕"的柔和程度;"射线"选项区中的"模糊度"选项用于设置光晕效果中放"射线"的密度。

数量：“射线”选区中的“数量”选项用于设置光晕效果中“射线”的数量；“环形”选项区中“数量”选项用于设置光晕效果中“光环”的数量。

路径：用于设置光晕效果“中心”与“末端”的距离。

最大：用于设置光晕效果中“光环”的最大比例。

方向：用于设置光晕效果的“发射角度”。

# 任务二　名片的设计与制作

## 一、任务描述

某公司需要制作一批名片。风格上要求简洁、大气而稳重，适合在商业环境的各种场合使用。名片中常包含公司标志、公司名称、姓名、职务、公司地址等信息，而大公司则根据其形象设计有统一的名片印刷格式。在进行名片的设计和制作时，首先需要详细了解客户需求，确定名片印刷工艺和所要表述的内容，再紧密结合客户身份和名片内容确定名片风格，灵活运用图形和文字进行排版以及色彩的搭配，力求在“方寸之间”充分传递相关信息，使观者一目了然而又印象深刻，从而发挥出名片的作用。

通过本次任务，学生能够利用所给素材完成名片的制作任务，能够完成简单图形的绘制并利用路径查找器面板、对齐面板、不透明度面板完成简单图形的编辑。

## 二、学习目标

（1）能够利用基本图形绘制工具完成公司标志的绘制，能够利用“路径查找器”完成基本图形的运算。

（2）能够利用对象菜单中的“变换”“轮廓化描边”完成基本图形编辑。

（3）能够利用“剪切蒙版工具”控制对象的出现范围。

## 三、素材准备

素材.rar

该项目所需素材包括字体文件：bahnschrift.ttf，图片素材：二维码.jpg。读者可以扫描素材文件二维码，自行下载任务二的相关素材文件。

## 四、任务实施

**1. 新建文件**

选择“新建”选项，在右侧参数栏设置“名称”为“名片的设计与制作”，“画板”数量为“2”，“宽度”为“90mm”，“高度”为“54mm”，“单位”为“毫米”，四边“出血”为“3mm”，如图 1-62 所示。单击“确定”按钮，创建一个空的新文档。

**2. 制作底色及其特效**

使用工具箱中的“矩形工具”绘制一个矩形，矩形的大小与画板“出血”的尺寸一致。矩形的颜色如图 1-63 所示。

选中矩形，执行“效果”→“纹理”→“纹理化”命令，为“底色”设置纹理效果。纹理化效果如图 1-64 所示。

图 1-62 "新建文件"的参数设置

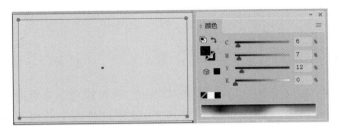

图 1-63 矩形的颜色设置

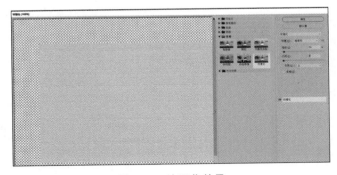

图 1-64 纹理化效果

**3. 图标绘制**

在画面中绘制一个 25mm×25mm 的正方形,描边的"宽度"为 1pt。绘制一个圆形,"直径"为 48mm,位置与正方形同心,如图 1-65 所示。

选定并复制一个圆形,使得正方形的一个边与圆形的边产生碰触,如图 1-66 所示。

图 1-65 绘制正方形与圆形

图 1-66 移动并复制圆形

　　重复上一步,将圆形复制三次,放在另外三个方向上,如图 1-67 所示,红色部分为本次移动并复制出来的圆形。

　　采用工具箱中的"形状生成工具" （快捷键：Shift＋M）,将中间部分的"正方形"与最里面的"圆形"生成一个形状,如图 1-68 所示。

| 图 1-67　选定并复制出其他三个圆 | 图 1-68　将内部正方形与圆形融为一体 |

　　采用"形状生成器工具"将两部分融合为一个形状,如图 1-69 所示。

　　采用"形状生成工具"将对应的位置"加台"成一个形状,如图 1-70 所示。

　　采用"形状生成器工具"减掉外部多余的部分,如图 1-71 所示。

图 1-69　"形状"生成（1）　　图 1-70　"形状"生成（2）　　图 1-71　去掉外部多余部分

　　利用工具箱中的"实时上色工具"  来对"标志"进行涂色。涂色时可以打开"色板"→"色板库"→"自然"→"叶子"色板,如图 1-72 所示,使用该色板中的典型颜色对标志进行上色。描边"颜色"可以选择为"白色",描边"粗细"选择为 6pt,涂色效果如图 1-73 所示。

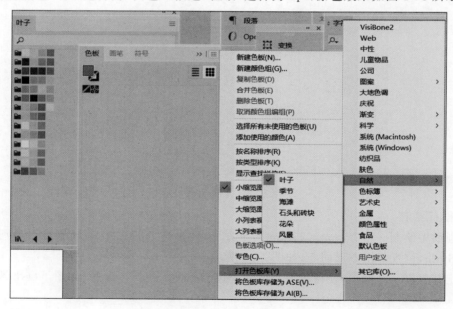

图 1-72　打开"叶子"色板

**4. 文字排版**

　　完成文字部分的排版,如图 1-74 所示,部分文字的设置如图 1-75 所示。

图 1-73　涂色效果

图 1-74　文字部分的排版

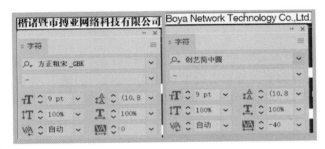

图 1-75　部分文字的设置

**5. 装饰图案绘制**

在画板中绘制两个矩形,矩形的"描边"设置为 10pt。选中两个矩形,执行"对象"→"路径"→"轮廓化描边"命令,如图 1-76 所示,"轮廓化描边"后两条路径就变成了两个形状。执行"色板"→"打开色板库"→"自然"→"叶子"命令,对其进行涂色。

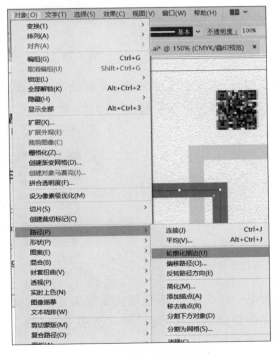

图 1-76　"轮廓化描边"命令

两个矩形的颜色设置如图 1-77 所示。

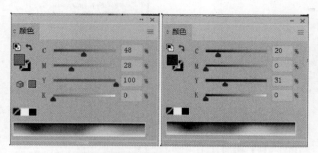

图 1-77　两个矩形的颜色设置

选中两个形状，执行"窗口"→"路径查找器"→"分割"命令，两个正方形就会相互分割开，所有相交的部分与分离的部分都会分散成独立的形状，如图 1-78 所示。

选中其中一个形状，右击，在弹出的快捷菜单中选择"取消编组"命令，如图 1-79 所示。

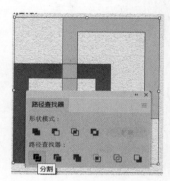

图 1-78　"分割"命令

图 1-79　选择"取消编组"命令

选择被分割开的交叠部分，将颜色改成深绿色并形成图形嵌套的样式，如图 1-80 所示。利用基本造型工具，完成其他图形的绘制，如图 1-81 所示。

图 1-80　将"交叠部分"的形状改成深绿色

图 1-81　最终效果图

绘制一个与"出血"大小一样的矩形，颜色描边设置为任意值就可以。将文件中的对象全部选中后，右击，在弹出的快捷菜单中选择"建立剪切蒙版"命令（快捷键：Ctrl＋7），如图 1-82 所示，图 1-83 即为完成后的作品。

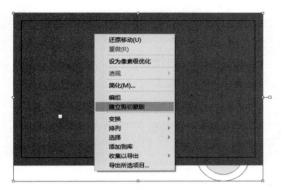

图 1-82　"建立剪切蒙版"命令

图 1-83　完成后的作品

完成名片背面图形的绘制及文字的排版,如图 1-84 所示。

名片的最终效果如图 1-85 所示。

图 1-84　完成名片背面的排版

图 1-85　名片最终效果图

## 【知识拓展】

一、名片的分类

1. 身份标识类名片

名片主要标识持有者的姓名、职务、单位名称及必要通信方式,以传递个人信息,如图 1-86 所示。

2. 业务标识类名片

名片内容除标识持有者的姓名、职务、单位名称及必要通信方式外,还要标识出企业的经营范围、服务方向、业务领域等,以传递业务信息,如图 1-87 所示。

图 1-86　身份标识类名片

图 1-87　业务标识类名片

3．企业 CI 系统名片

这类名片主要应用于有整体 CI 策划的较大型的企、事业单位,名片作为企业形象的一部分,以完善企业形象和推销企业形象为目的,如图 1-88 所示。

二、名片的构图

名片的构图在名片的设计中是至关重要的,构图可以使名片呈现不同的风格、不同的视觉感。可以说,名片设计的成功与否首先取决于构图的好坏。

1．名片的尺寸及分辨率

名片标准尺寸分别为 90mm×54mm、90mm×50mm、90mm×45mm。但是"出血"的上、下、左、右各为 2～3mm,所以制作尺寸必须加上出血距离。如果成品尺寸超出一张名片的大小,应注明需要的正确尺寸,上、下、左、右也是各 2mm(或者 3mm)的出血。"色彩模式"应设置为"CMYK 颜色","分辨率"为"300dpi"以上 。稿件完成后不需画"十字线"及"裁切线"。

2．横版构图

横版构图在名片版式设计中比较常见,这种版式文字排列方向与名片长边方向平行,构图稳定,如图 1-89 所示。

图 1-88　具有整体 CI 策划的名片

图 1-89　横版构图

3. 竖版构图

竖版构图是文字方向与名片的短边平行,这样的构图比较新颖,容易给人留下较为深刻的印象,如图 1-90 所示。

4. 稳定型构图

稳定型构图是画面的主题及标志在画面的中上部,下部是辅助说明文案。标志、主题、辅助说明文案各有区域分割,如图 1-91 所示。

图 1-90　竖版构图

图 1-91　稳定型构图

5. 长方形构图

长方形构图是指主题、标志、辅助说明文案构成相对完整的长方形,文字及图形更加内向集中,这种构图画面完整利落,如图 1-92 所示 。

6. 椭圆形构图

椭圆形构图是主题、标志、辅助说明文案构成相对完整的椭圆形,文字及图形更加内向集中,这种构图画面也更加完整,如图 1-93 所示。

图 1-92　长方形构图

7. 半圆形构图

半圆形构图是指辅助说明文案构成在一个半圆图案区域,与主题、标志构成相对的半圆构图,如图 1-94 所示。

图 1-93　椭圆形构图

图 1-94　半圆形构图

### 8. 左右对分形构图

左右对分形构图是指标志、文案左右分开,区别明确,如图1-95所示。

图1-95　左右对分形构图

### 9. 斜置形构图

斜置形构图是一种强力的动感构图。主题、标志、辅助说明文案在区域斜置放置而外侧对齐的构图方式,如图1-96所示。

### 10. 三角形构图

三角形构图是指主题、标志、辅助说明文案构成相对完整的三角形且外向对齐的构图,如图1-97所示。

图1-96　斜置形构图

图1-97　三角形构图

### 11. 轴线形构图

轴线形分两类,中轴线形与不对称轴线形。

(1) 中轴线形。名片的主题、标志、辅助说明文案都沿着中轴线排列,如图1-98所示。

(2) 不对称轴线形。名片的主题、标志、辅助说明文案都排在一条纵线的一边。我们习惯上把主题、标志、辅助说明文案排在轴线的右边,一律向左看齐,也可以反过来向右看齐,如图1-99所示。

### 三、颜色与工艺

(1) 颜色:名片颜色可分为单色、双色、彩色和真彩色,以决定不同的印刷次数。

(2) 单、双面选择:名片印刷单双面选择也就是印刷次数的选择,名片印刷表面的多少直接关系着价格的高低。

图 1-98　中轴线形构图　　　　　　图 1-99　不对称轴线形构图

（3）塑封：低厚度的计算机名片纸都要进行加厚处理,当前唯一的办法就是采用塑封。塑封名片已在国内流行了多年,目前仍是一种主要的名片制作形式,名片塑封后还需裁切。目前的计算机名片均需切成卡片后才能正常使用,"名片切卡"是计算机名片制作中的一道重要工序。

（4）烫金：许多计算机名片、胶印名片客户都要求对标志或公司名称进行"烫金"处理,"烫金"是名片印刷中的最后一道工序,就是用专门的烫金机把各种色彩的电化铝材料烫印在名片上。

（5）装盒：名片制成后,装进专用的名片包装盒中,即完成名片的全部制作过程。

四、名片内容

（1）信息选择：文字信息包含单位名称、名片持有人名称、头衔和联系方式。部分商业名片还有经营范围、单位的座右铭或吉祥字句。

（2）标志选择：单位用户如果有自己公司的标识,大多要印在名片上。如果客户所在公司为大型全国性企业,广告公司资料库中可能存有该公司的标识,可直接从中选用。如果没有该公司的标识,则由客户使用电子邮件或传真传给广告公司。如果客户同意广告公司收藏该标识,客户下次印刷名片可不用再向广告公司提供该标识。

（3）图片选择：可选择在名片中印上个人照片、图片、底纹、书法作品和简单地图,使名片更具个人风格。若使用胶印或激光打印,可不必考虑图片的大小。如果采用丝网印刷,由于简单丝印分辨率较低,建议使用较大的图片。

五、名片设计

1. 名片设计元素的构思

所谓设计元素构思,是指设计者在设计名片之前的整体思考。一张名片的构思主要从以下几个方面考虑：使用人的身份及工作性质,工作单位性质,名片持有人的个人意见及单位意见,制作的技术问题,最后是整个画面的艺术构成。名片设计是以艺术构成的方式形成画面,所以名片的艺术构思就显得尤为重要。

**2. 名片设计的信息来源**

首先要剖析构成要素的扩展信息。把名片持有者的个人身份、工作性质、单位性质、单位的业务行为及业务领域等做全面的分析。分析持有人的个人身份、工作性质,分析其是领导还是普通工作人员,分析其是国家公务员、教师、律师、医生、企业人士、个体工商业者,还是自由职业者等。这些个人资料的分析,对名片设计的构图、字体的运用等方面有直接的影响。比如:名片持有人的工作单位是政府机关,工作性质是国家公务员,个人身份是某一个主管部门的领导,这种名片设计的思路就应该主题明确,有明显的层次,色彩单纯而严肃,构图平稳而集中。从名片持有人的所在单位性质来分析,分析其是机关、事业单位,还是企业,分析企业的业务性质和业务方向,以此来确定画面的构图、色彩、文案文体等。比如:儿童玩具商店的经理、钢铁工厂的厂长、绿色和组织成员的名片,从构图、色彩字体等都会有明显的不同。

**3. 想象能力在构思中的作用**

一张名片的整体构思是在想象的基础上完成的,想象力是设计者能力培养的重要环节。想象力的培养有一些方法,如举一反三的联想方法,顺理成章的逻辑推理,超越常理的逆向思维,单元多变的加法思维,整体化简的减法思维,排列组合的搭配思维等。有了思维方法,想象力自然丰富。

**4. 灵感的来源**

艺术家、设计师、科学家、音乐家等都有灵感的问题,在各自的工作中都有过灵感的出现。有人讲灵感具有偶然性,这种说法其实是不正确的。艺术家、设计师、科学家、音乐家的灵感是他们对事业的长期追求、长时间的集中思考、丰富的知识积累、丰富的个人阅历基础上的质的升华。作为设计师不要期待灵感,而要积极地学习、积极地思考,灵感总会不期而遇。灵感具有偶发性、短暂性的特点,所以当灵感出现时设计师要抓紧时间创作,这样会大大提高工作效率,设计出理想的作品。

**5. 名片的构思程序**

名片的构思大致可以分为以下几个阶段。

(1) 信息收集阶段。在这个阶段,主要对名片持有人的个人信息做全面的收集。

(2) 信息分析阶段。把收集好的信息作全面分析后再进行形式扩展。

(3) 形式组合阶段。把扩展的形式进行组合,形成多种形式的组合。

(4) 形式定位阶段。把组合好的名片择优定位,确定名片设计方案。

**6. 名片设计构成的形象启示**

(1) 插图设计表现。插图是名片构成要素中形成性格以吸引视觉的重要素材。最重要的是,插图能直接表现公司的业务或行业,以传达广告内容具有理解性的看读效果。

(2) 饰框、底纹的设计表现。饰框、底纹为平面设计的构成要素,在名片设计中并不是要素性的材料,大多是以装饰性为目的。名片设计,首先要吸引对方的注意,使对方能集中注意力了解名片的内容。因此,在名片中一条明确线条或底纹有时具有防卫性,有时带有挑战性。以饰框来说,饰框在编排的构成作用是控制对方视野范围,达到让对方了解内容的目的。但如果饰框的造型强度过强,则会不断刺激读者的眼睛,读者反而会转移视线。因此,名片饰框应不具备任何抵抗性,以柔和线条为佳,进而诱导读者视线移到内部主题。

## 五、任务拓展

**任务拓展一　准入证的绘制**

下面利用基本造型工具绘制一个"准入证"。

（1）新建文件，其参数设置如图 1-100 所示。

（2）选择工具箱中的"矩形工具"，绘制一个与文件"出血"尺寸大小一样的矩形。在底部绘制一个高度为 15mm 的矩形，颜色设置如图 1-101 所示。

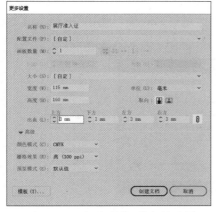

图 1-100　"新建文件"的参数设置

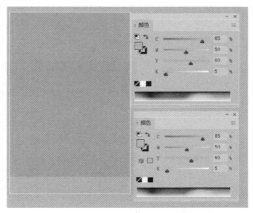

图 1-101　绘制底层矩形

（3）选择工具箱中的"矩形工具"，在页面空白处单击，弹出"矩形"对话框，如图 1-102 所示。设置"宽度"为"20mm"，"高度"为"17mm"，单击"确定"按钮后自动生成一个矩形。打开"颜色"调板，将矩形的填充色设置为（C＝33，M＝19，Y＝1，K＝0），描边设置为"无"，如图 1-103 所示。

图 1-102　"矩形"对话框

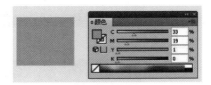

图 1-103　设置颜色

（4）选中矩形，执行"对象"→"路径"→"分割为网格"命令，弹出"分割为网格"对话框，如图 1-104 所示。设置"行"中的"数量"为"7"，"栏间距"为"0mm"，"列"中的"数量"为"6"，"间距"为"0mm"，其他设置使用默认值，完成后的效果如图 1-105 所示。

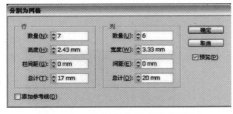

图 1-104　"分割为网格"对话框

图 1-105　完成后的效果

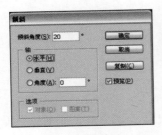

图1-106　"倾斜"对话框

（5）选中矩形，双击工具箱中的"倾斜工具"，弹出"倾斜"对话框，设置"倾斜角度"为"20"，"轴"为"水平"，单击"确定"按钮完成设置，如图1-106所示。

将"倾斜"后的颜色块填充不同的颜色，如图1-107～图1-109所示。

采用"钢笔工具"绘制"箭头"，并填充白色，如图1-110所示。

（6）选择工具箱中的"文字工具" **T**，在页面上单击，插入鼠标光标后输入文字"生命探测"。设置字体为"汉仪中黑简体"，字号大小为"20点"，文字颜色为"白色"，将其放置在矩形的右侧。使用"选择工具"选中文字，执行"窗口"→"变换"命令，打开"变换"对话框，设置"倾斜"为"20"，如图1-111所示。

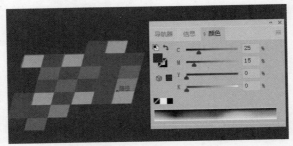

图1-107　颜色设置（1）

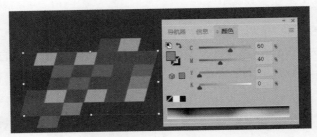

图1-108　颜色设置（2）

图1-109　颜色设置（3）

图1-110　钢笔工具绘制箭头

图1-111　输入文字并倾斜

使用"选择工具"将"矩形""中文文字""英文文字"全部选中,执行"对象"→"编组"命令,将它们编组,调整至合适大小后将它们放置在页面的左上方,如图 1-112 所示。

（7）使用"矩形工具"绘制一个矩形,"填充色"设置为（C=60,M=40,Y=0,K=0）,"描边"设置为"无色"。选择工具箱中的"倾斜工具",执行"倾斜"命令,具体参数如图 1-113 所示。

图 1-112　调整到合适位置

图 1-113　"倾斜"设置

（8）使用"选择工具"选中变了形的矩形,再双击工具箱中的"镜像工具",弹出"镜像"对话框,在该对话框中设置"轴"为"水平",单击"复制"按钮完成镜像,此时复制出来的矩形位于原矩形的上方,如图 1-114 所示。

调整绘制的图形位置并输入文字,效果如图 1-115 所示。

（9）使用"矩形工具"沿参考线绘制一个矩形,设置其"宽度"为"105mm","高度"为"100mm"。"填充色"设置为"白色","描边"设置为"无"。选择工具箱中的"添加锚点工具",在矩形底部路径中心位置单击,添加一个锚点,如图 1-116 所示。再选择工具箱中的"直接选择工具",将这个新添加的锚点选中,并垂直向上移动。

图 1-114　"镜像"复制

图 1-115　图形效果

图 1-116　添加"锚点"

（10）选择工具箱中的"转换锚点工具",将鼠标光标移动到这个添加的"锚点"上后,按下鼠标左键后向左拖曳出方向线,将这个点转变为"圆角点",如图 1-117 所示。

使用"选择工具"选中白色矩形,执行"效果"→"风格化"→"圆角"命令,弹出"圆角"对话框,设置"半径"为"3.628mm",单击"确定"按钮完成设置,如图 1-118 所示。

图 1-117　转换锚点

图 1-118　"圆角"对话框

置入其他素材并将文字进行排版,最终效果如图 1-119 所示。扫描二维码可查看准入证的设计与制作过程。

图 1-119　最终效果

准入证的设计与制作.mp4

## 【知识拓展】

编辑高级路径如下。

(1) 连接两条开放路径

使用钢笔工具将指针定位到要连接到的另一条路径的开放路径端点上,单击此端点。当将指针准确地定位到端点上方时,指针将发生变化。要将此路径连接到另一条开放路径,可单击另一条路径上的端点。如果将钢笔工具精确地放在另一个路径的端点上,指针旁边将出现"小合并符号"。

若要将新路径连接到现有路径,可在现有路径旁绘制新路径,然后将钢笔工具移动到现有路径(未所选)的端点。当看到指针旁边出现小合并符号时,单击该端点。

(2) 连接两个端点

如果两个端点重合(一个在另一个的上方),可拖动选框穿过或围绕这两个端点以选择它们。单击"控制面板"中的"连接所选终点"按钮。如果端点重合,将显示对话框,可指定连接类型。选择"角"选项(默认值)或"平滑"选项,然后单击"确定"按钮。

**任务拓展二　工作证的绘制**

利用基本造型工具可以完成很多简单产品的绘制,下面我们来完成一个工作证的绘制。

(1)新建一个大小为 69mm×100mm 的文件,具体设置如图 1-120 所示。

图 1-120　"新建文件"的设置

(2)底色的绘制。绘制底色后,将下面的"矩形"添加锚点,用"直接选择工具"选中锚点后向下拖曳,如图 1-121 所示。

(3)绘制白色正方形。选择工具箱中的"多边形工具",在拖曳过程中,按向下的方向键,将六边形改成五边形,并填充"蓝色"。绘制一条斜线,执行"对象"→"路径"→"轮廓化描边"命令,将斜线变成形状,如图 1-122 所示。

(4)选中五边形与黑色长条,执行"路径查找器面板"中的"分割"命令。右击并取消编组后去除多余的部分,如图 1-123 所示。

图 1-121　绘制底色

图 1-122　轮廓化描边

图 1-123　分割后去除多余的部分

(5)星形的绘制。选择"星形工具" ☆ ,在画面中单击,输入参数如图 1-124 所示。绘制一个星形并填充白色。复制一个星形放在白色星形的前面,并填充黄色,最终效果如图 1-125 所示。

(6)使用"直线工具"绘制斜向直线,并复制三次,用"钢笔工具"绘制中间的黄色形状,效果如图 1-126 所示。

图 1-124　"星形"参数设置　　　图 1-125　"星形"最终效果　　　图 1-126　线条的绘制

（7）完成文字部分的排版,字体、字号等设置如图 1-127 所示。可扫描二维码查看"工作证的设计与制作"过程。

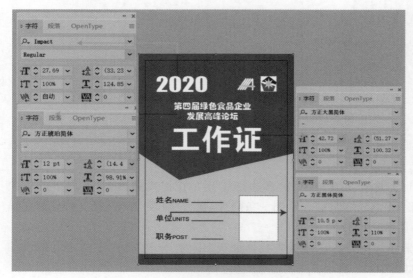

图 1-127　字体、字号等设置　　　　　　　　　　　工作证的设计与制作.mp4

## 【知识拓展】

1. 连接命令（Ctrl＋J）

如果有两个锚点,便可以借助"连接"命令,把它们用一条直线连接起来。

使用"连接"命令时应注意以下四个条件。

（1）只能选择两个锚点,如果选了三个或三个以上的锚点,"连接"命令就会失效。

（2）如果选择"开放路径"上的所有锚点,"连接"命令会在起始锚点和结束锚点之间绘制一条直线,这样形状就封闭了。

（3）所选锚点必须同属一个组。

（4）所选锚点不能是图形对象上的。

如果两个锚点完全重叠在了一起,Ai 会把它们并成一个锚点,这时可以选择把它转换为"平滑点"或"角点"。

2. 平均命令（Ctrl＋Alt＋J）

"平均"命令至少可以选择两个锚点,平均分布它们的间距后还可以移动它们的位置。

可以横向或纵向"平均"锚点,也可以既横向或纵向"平均"锚点,"平均"的锚点数不受限制。

选择两个锚点,然后按 Ctrl+Shift+Alt+J 组合键,可以同时执行"平均"和"连接"命令。

### 3. 使用轮廓化描边

"路径描边"能够让路径变得更粗,但是却无法在画板上选择和操作。不过,可以选择一个有描边的路径,然后执行"对象"→"路径"→"轮廓化描边"命令,这样该路径的描边就会扩展成填充形状。

### 4. 偏移路径

偏移路径根据用户指定的"偏移量"偏移所选的对象,在原路径基础上创建新的"矢量路径",而原路径并不受影响。

对"开放路径"应用"偏移路径"会创建一个新的封闭路径。

## 任务拓展三 太极图案的绘制

### 1. 新建文件

选择"新建"选项,在右侧参数栏设置"名称"为"名片设计与制作","画板"数量为"1","宽度"为"54mm","高度"为"54mm","单位"为"毫米",四边"出血"为"3mm",如图 1-128 所示。单击"创建"按钮,创建一个空的新文档。

图 1-128 "新建文件"的设置

### 2. 绘制"椭圆"并填充颜色

选择工具箱中的"椭圆工具",如图 1-129 所示,按 Shift+Alt 组合键,绘制出一个圆形。

设置椭圆的"填充"为"白色","描边"为"黑色",如图 1-130。

### 3. 绘制"小圆"和水平左对齐

选中圆形,双击"比例缩放工具",如图 1-131 所示。将"比例缩放"中的"等比"设置为"50%",如图 1-132 所示,单击"确定"按钮。

图 1-129 选择"椭圆工具"

选中画板中的大圆和小圆,在"属性面板"中,对其所选对象"水平左对齐",如图 1-133 所示。

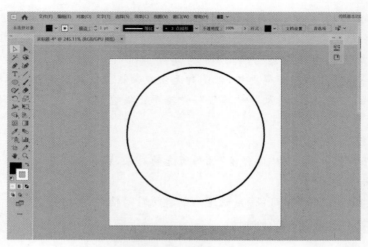

图 1-130 绘制正圆

图 1-131 比例缩放工具

图 1-132 比例缩放

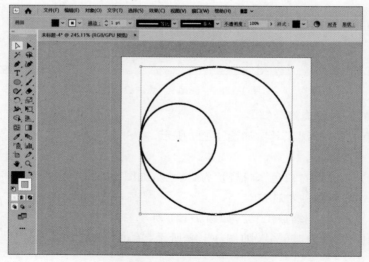

图 1-133 水平左对齐

　　单击选中小圆,并按 Ctrl＋C 组合键复制。按 Ctrl＋F 组合键,把小圆原位置粘贴一个,并保持前面的小圆被选中。按 Shift 键加选大圆,选择"水平右对齐",如图 1-134 所示。

**4. 绘制"半圆"**

选择工具箱中的"直接选择工具",如图 1-135 所示。在"大圆"最下边的锚点附近按住并拖曳鼠标框选该锚点,如图 1-136 所示,得到如图 1-137 所示圆形。选择大圆底部的锚点,按 Delete 键,得到如图 1-138 所示图形。

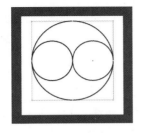

图 1-134 水平右对齐

图 1-135 直接选择工具

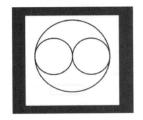

图 1-136 使用鼠标框选锚点

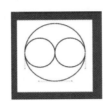

图 1-137 框选后的果图

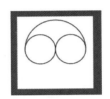

图 1-138 删除大圆底部的锚点

**5. "联集"和"减去顶层"的使用**

选中大圆和左边的小圆,执行"窗口"→"路径查找器"命令,在"形状模式"中选择"联集",如图 1-139～图 1-141 所示。

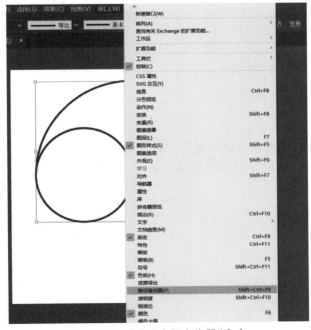

图 1-139 执行"路径查找器"命令

选中新的图形和右边的小圆,如图 1-142 所示,执行"路径查找器"→"减去顶层"命令,得到如图 1-143 所示的效果。

图 1-140　路径查找器联集

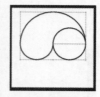
图 1-141　"联集"后效果

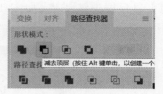
图 1-142　执行"减去顶层"命令

按 Ctrl+F 组合键,粘贴小圆,得到如图 1-144 所示图形。双击工具箱中的"比例缩放工具",在"比例缩放"对话框中设置"等比"为"25%",如图 1-145 所示,单击"确定"按钮;把缩小后小圆的填充改成"黑色","描边"设置为无,得到如图 1-146 所示图形。

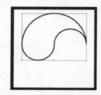
图 1-143　减去顶层后效果

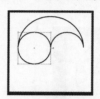
图 1-144　原位置粘贴小圆

图 1-145　"比例缩放"对话框

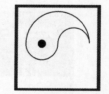
图 1-146　设置小圆颜色

**6. 填充"太极图"颜色**

选中小圆和新出现的形状,选择"旋转工具",如图 1-147 所示;按 Alt 键并单击两个半圆圆弧交叉的点,设置"旋转"的角度为 180°,如图 1-148 所示。单击"复制"按钮,最终效果如图 1-149 所示。

图 1-147　选择"旋转工具"

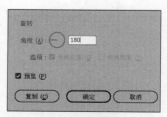
图 1-148　"旋转"参数设置

图 1-149　"太极图"最终效果

"太极图"的设计
与制作.mp4

## 【知识拓展】

### 1. 简化矢量路径

简化矢量路径可以删除路径上一些多余的锚点,路径上有太多锚点会导致文件变复杂,这样在打印时比较费时间,编辑时也比较困难。

曲线精度:该设置决定简化后的路径和原路径曲线的接近程度。精度越高,简化的路径就越接近原路径,不过比原路径锚点数少。

角度阈值:该设置决定角点的平滑度。假如角点的角度小于"角度阈值"中的值,角点就无法变成平滑点。

直线:该设置会强制简化路径只能使用角点,这样路径就会简洁很多。当然,路径可能与原路径并不匹配,不过,在做创意性强的工作时它会非常有用。

显示原路径:勾选"显示原路径"复选框后,Illustrator 软件会把原路径和简化后的路径都显示出来,从而能够比较两者间的差异。

### 2. 分割下方对象

在制作图稿时,矩形网格工具虽然可以快速创建好网格,但是它不好控制,特别是在增加行和列之间的间距时尤其如此。而 Ai 中的"分割为网格"功能却能在保留现有形状的同时,将其分割为指定数量的相等矩形。

其命令为"对象"→"路径"→"分割为网格"。

### 3. 用清理功能删除多余的元素

其命令为"对象"→"路径"→"清理"。

### 任务拓展四　飞镖靶盘的绘制

### 1. 新建文件

单击"新建"选项,在右侧参数栏设置"名称"为"名片设计与制作","画板"数量为"1","宽度"为"54mm","高度"为"54mm","单位"为"毫米",四边"出血"为"3mm",如图 1-150所示。单击"创建"按钮,创建一个空的新文档。

图 1-150　"新建文件"的设置

**2. 绘制同心圆并填充颜色**

按 Alt＋Shift 组合键画一个正圆,选择"填充"为"黑色","描边"为"无",得到如图 1-151 所示图形。

选中图 1-151 中的圆,双击工具箱中的"比例缩放工具",在"比例缩放"对话框中选择"等比"缩放并设置为"90％"。单击"复制"按钮,得到一个新的圆。将新圆的"填充"设置成"绿色","描边"设置为"无",得到如图 1-152 所示的图形。

图 1-151　绘制圆

图 1-152　绘制同心圆

**3. "比例缩放工具"的使用**

双击"比例缩放工具",将"等比"缩放设置为"95％",单击"复制"按钮,将复制的圆的"填充"改为"黑色","描边"设置为"无"。双击"比例缩放工具",将"等比"缩放设置为"75％",单击"复制"按钮;双击"比例缩放工具",将"等比"缩放设置为"65％",单击"复制"按钮,选择绿色填充。双击"比例缩放工具",将"等比"缩放设置为"90％",单击"复制"按钮,选择"黑色"填充;双击"比例缩放工具",将"等比"缩放设置为"25％",单击"复制"按钮,选择"绿色"填充;双击"比例缩放工具",将"等比"缩放设置为"40％",单击"复制"按钮,选择"红色"填充,最后得到如图 1-153 所示的图形。

**4. 直线的绘制及分割**

取消"填充","描边"设置为"黑色"。选择工具箱中的"直线段工具",按 Shift 键画一条直线,直线的长度要大于最大圆的直径,如图 1-154 所示。

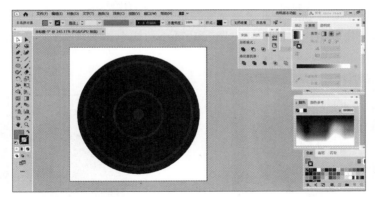

图 1-153　绘制多个"同心圆"

双击"工具箱"中的"旋转工具",设置"角度"为 18°,单击"复制"按钮,得到如图 1-155 所示的图形。

图 1-154　绘制直线

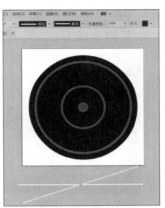

图 1-155　绘制多条直线

按 Ctrl＋D 组合键多次旋转并复制这条直线,全选并右击,建立一个"编组",如图 1-156 所示。

选中这组直线,按 Shift 键,单击最后一个小黑圆,再次单击这个黑圆,如图 1-157 所示。

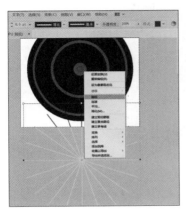

图 1-156　将直线"编组"

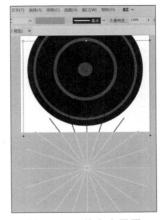

图 1-157　单击小黑圆

选择"水平居中对齐"和"垂直居中对齐",得到如图 1-158 所示的图形。

选中大圆,按住 Shift 键加选"红色圆"和"最小的绿色圆",按 Ctrl+3 组合键隐藏这三个圆,得到如图 1-159 所示的图形。

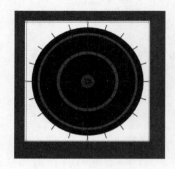

图 1-158　编组

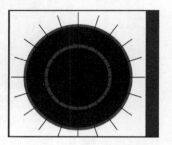

图 1-159　将三个圆隐藏

选中画板中的所有图形,如图 1-160 所示。选择"路径查找器"面板中的"分割"命令,如图 1-161 所示,得到如图 1-162 所示效果。

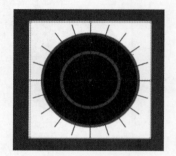

图 1-160　选中所有图形

图 1-161　"路径查找器"面板

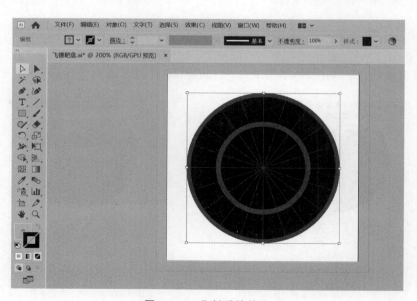

图 1-162　分割后的效果

**5. "飞镖靶盘"边缘颜色的填充**

右击并选择"取消编组",单击大圆上绿色边框部分。按住 Shift 键并每隔一个区块选中绿色边框部分,颜色设置为"红色"填充,按住 Shift 键选择剩余的区块,如图 1-163 所示,颜色设置为"白色"填充。中间的圆用同样的方法改变其颜色,如图 1-164 所示。

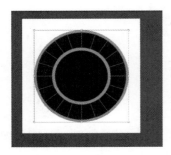

图 1-163　加选部分区块以改变颜色　　　　　图 1-164　改变中间圆的颜色

按 Ctrl+Alt+3 组合键把隐藏的三个圆形显示出来,按住 Shift 键,取消"大圆"选择,保证中间的两个小圆被选中的状态,右击并选择"排列"→"置于顶层"命令,如图 1-165 所示,可以得到如图 1-166 所示的图形。

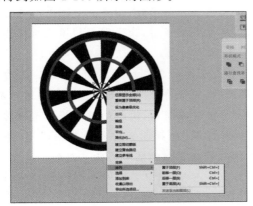

图 1-165　排列置于顶层　　　　　　　　　图 1-166　同心圆最终效果

**6. 数字的输入**

选中整个图形,双击"旋转工具",输入"9°",单击"确定"按钮,单击"文字工具"输入相应的文字,字体选择 Arial 中的"Bold",如图 1-167 所示。

图 1-167　文字的设置

把数字拖曳到相应位置完成绘制,得到如图 1-168 所示的图形。

图 1-168　摆放文字位置

飞镖靶盘的设计与制作.mp4

## 【知识拓展】

### 创建复合路径

　　选择需要建立复合路径的两个或两个以上的图形,执行"对象"→"复合路径"→"建立"命令,即可将选择的图形建立复合路径。对图形创建复合路径时,图形也会随着所选对象的状态而发生变化。若选择的图形相交在一起,创建复合路径后,除了图形的填色与描边将保持统一外,相交部分的图形将被修剪掉。

　　对两个或两个以上的图形创建复合路径与对图形进行编组的概念有点相似,因为对两个或两个以上未叠加在一起的图形建立复合路径后,图形将会成为一个整体。不同的是,若使用"编组选择工具"选择其中某一图形,对该图形进行编辑后,编辑的效果将会是针对该复合对象上的所有图形。也就是说,运用"编组选择工具"选择复合对象的某一图形,并对其"描边"和"填色"进行更改时,更改的操作将会作用于该复合对象中的所有图形。

　　若对分开的图形创建复合路径,则图形会成为一个整体,只是图形的"填色"和"描边"自动保持为统一,而外形不会发生变化。

### 任务拓展五　几何图形海报的绘制

#### 1. 新建文件

　　下面绘制一个几何图形海报。首先新建文件,设置其"宽度"为"210mm","高度"为"297mm","单位"为"毫米","画板"数量为"1","出血"的上、下、左、右均为"3mm";高级选项的设置为"颜色模式"为"CMYK 颜色","光栅效果"为"300ppi"。如图 1-169 所示,单击"创建"按钮,创建一个新的空白文档。

#### 2. 绘制圆形与正片叠底的使用

　　首先选择"椭圆工具"(快捷键:L),按 Shift＋Alt 组合键绘制一个圆形,"描边"设置为"无",将圆形中"叠加模式"的值"正常"改为"正片叠底"。再复制一个圆形,按 Shift＋Alt 组合键并将其放大,大圆的"叠加模式"也是"正片叠底",如图 1-170 所示。

图 1-169 文件的创建

**3. 基本图形的使用**

按 Ctrl+C 组合键和 Ctrl+F 组合键,原位置粘贴出一个大圆,利用"直接选择工具"选择左侧的"锚点",按 Delete 键删除,把颜色重一些的半圆的"不透明度"改为"正常",如图 1-171 所示。

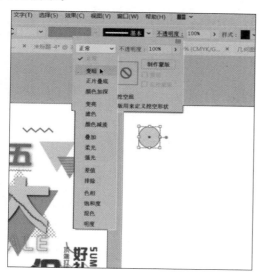

图 1-170 正片叠底

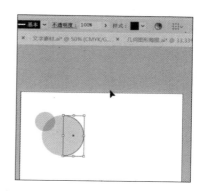

图 1-171 正常叠加模式

选中半圆,找到"色板"中的"打开色板库"→"图案"→"基本图形"→"基本图形_点",这里将"基本图形_点"设置为"10 dpi 40%",如图 1-172 所示。

执行"编辑"→"编辑颜色"→"重新着色图稿"命令,如图 1-173 所示。

双击"黑颜色",将其改为"白色",按一下箭头就可以把黑色转换为白色,单击"确定"按钮,这样圆形就绘制完成了,如图 1-174 所示。

**4. 波纹效果的使用**

接下来将绘制一条直线。选中直线,执行"效果"→"扭曲和变换"→"波纹效果"命令,如图 1-175 所示。

图 1-172 "点"的绘制

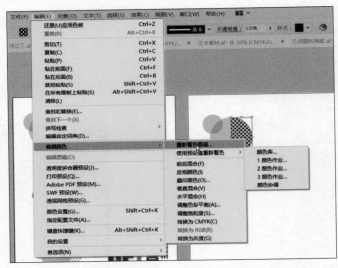

图 1-173 改变"点"的颜色的设置

图 1-174 改变"点"的颜色

选中"预览","模式"选择"尖锐",大小可以调整,"每段的隆起数"尽量在 45°之内,如图 1-176 所示,单击"确定"按钮。

执行"对象"→"扩展外观"命令,如图 1-177 所示,折线就绘制完成了。

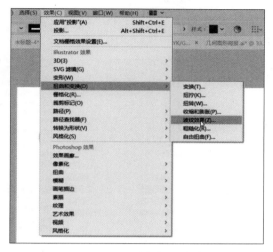

图 1-175　"波纹效果"命令

图 1-176　"波纹效果"对话框

5．三角形的绘制

选择"多边形工具"的同时按住向下的箭头，使得边数减少到三条边。接下来按住 Shift 键，且保证有一条边是水平的，这样三角形就绘制完成了。

下面绘制青色的三角形。按住 Shift 键绘制直线，再按住 Shift 键旋转，然后按住 Alt 键复制并缩小，把小的三角形填充成一个深色的条状。利用"直线工具"绘制一些直线，设置直线的颜色为"深绿色"，"描边"为"3pt"。按 Alt＋Shift 组合键，让描边的间距等于一个描边的距离，按 Ctrl＋D 组合键可以得到一组等间距的"描边"（Ctrl＋D：重复上一次操作），如图 1-178 所示。

图 1-177　绘制折线

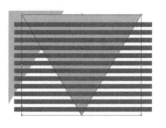

图 1-178　绘制直线

右击三角形,执行"排列"→"置于顶层"命令,将其置于顶层,如图 1-179 所示。

选中直线和三角形,右击,执行"建立剪切蒙版"命令,如图 1-180 所示。

图 1-179　置于顶层

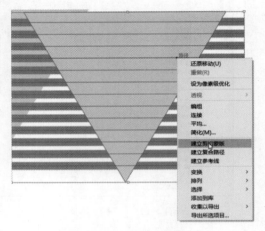

图 1-180　建立剪切蒙版

**6. 弧形工具的使用**

选择"弧形工具",绘制过程中按住 1 键和 Tab 键左上方的"～"符号。绘制完成后将弧线"宽度"改为 0.5pt,选中"弧线"并进行"编组",如图 1-181、图 1-182 所示。

图 1-181　弧形工具菜单

图 1-182　弧形工具

**7. 螺旋线工具的使用**

按住鼠标并拖动,单击 R 键可以改变旋转的方向。按住 Ctrl 键可以改变背景衰减的百分比,设置"颜色"为"粉紫色",背景部分就绘制完成了。选中全部背景的图形,并按 Ctrl+2 组合键将其锁定,以防止误编辑,如图 1-183 所示。

**8. 文字部分的输入**

文字部分采用"方正汉真广标简体"。输入文字后,"颜色"选择"深棕色"。添加一个"效果",执行"效果"→"风格化"→"投影"命令,单击"确定"按钮,如图 1-184 所示。

对于"大"字,设置其"颜色"为"黄色",右击并执行"创建轮廓"命令,绘制一条"直线",其"颜色"设置为"黑色"。执行"效果"→"扭曲和变换"→"波纹效果"→"平滑"命令,单击"确认"按钮。执行"对象"→"扩展外观"命令,使用工具箱中的"变形工具",对"大"字进行变形,使得线条更加随机。再选择工具箱中的"褶皱工具",设置其"宽度"和"高度"为 30mm,进行"褶皱"效果的设置。执行"对象"→"路径"→"分割下方对象"命令,右击并执行"取消编组"命令。选中"大"字,被分割部分向下"移动",产生"撕裂"感觉。之后再一次做"投影"效果,参数设置如图 1-185 所示。

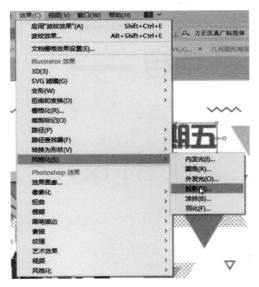

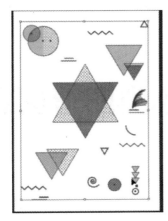

图 1-183　锁定

图 1-184　"投影"菜单命令

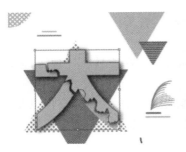

图 1-185　"文字撕裂"效果的制作

几何图形促销海报.mp4

# 项目 二

# 图标设计——标志类图形创意

**项目导读**

　　标志是一种标记、符号，或更严格地说是一种视觉识别符号，属于视觉传达设计范畴。因此，应易于识别，具有一定的含义和形式美感。

　　当标志作用于商品时，即称为商标。标识、描述和创造价值是商标所具有的功用，同时还涉及平面设计以及符号学、传播理论、人类学等领域。

　　因为标志属于视觉传达范畴，因此设计师应在提高传达信息含量、加快传递速度以及增强形式美感方面进行训练。在现代社会，标志已经随处可见，并已成为信息社会交流的主要、最直观的媒介。标志在生活中也是随处可见的，如交通标志中的禁止停车提示标志（图 2-1）或禁止吸烟提示标志（图 2-2），相比文字来说，这些标志可以让人在更短的时间内认知并了解信息，并且可以大大提升信息的视觉美观性。

图 2-1　"禁止停车"标志　　　　　　　图 2-2　"禁止吸烟"标志

　　从人机交互的角度来说，使用图标比使用文本更具有优势。因为图标简单、醒目且友好，同时在界面的一些空间较小的位置，图标可以代替一段冗长枯燥的文字描述，并增加设计的艺术感染力。在用户界面中使用图标，是一种用户熟知的设计模式。

　　在网页和 UI 设计中，图标的应用更加广泛。许多图标看起来虽然简单，但是其非常重要，它们的设计制作要求也比较严格。如果说 App 是智能手机的灵魂，那么图标就犹如 App 的精气神。所谓"未见其人先闻其声"，图标体现出的是 App 所表达的核心内容，也是 App 的外在体现，它关系着整个程序设计的成败，是用户在使用 App 前了解 App 的一个重要途径。如何让一个图标能够既不失美感富有创造性，同时又具有明确的可识别性，能准确地表达出制作者的主旨,这是图标设计的核心问题。如何在众多的 App 中使自己成为关注的焦点,图标设计的好坏就是取得成功的重要因素。视觉效果优秀、色彩搭配自然舒适、图形设计简单符合逻辑的图标往往就能够在第一时间吸引用户的眼球。

　　针对本项目,我们主要学习 App 功能图标的设计。App 功能图标样式有很多,作用也各不相同,在具体设计时要基于不同的应用场景选择不同属性的图标。同时,由于不同图标所表达的意义不同,其样式、复杂程度及大小也有所不同。功能图标可以让界面充满设计感,且通过图形化的设计能让用户浏览界面时的效率更高。

 **项目学习目标**

**1. 素质目标**

　　本项目旨在培养学生的图形设计思维,建立对线条、色彩等图形设计元素的应用素养,塑造紧跟时尚趋势的设计理念。

**2. 知识目标**

(1)掌握图标设计的要求。

(2)掌握图标设计的原则。

(3)掌握扁平化图标设计的方法及要点。

(4)了解形状图形的绘制方法。

(5)了解“长阴影”等表现手法。

**3. 能力目标**

(1)能根据图标的使用环境和用途,确定合适的图标设计风格。

(2)能设计出符合图标设计要求的图标作品。

(3)能利用绘图软件准确按照设计方案绘制图标。

 **项目实施说明**

　　本项目需要的硬件资源有计算机、联网手机;软件资源有 Windows 7(或者 Windows 10)操作系统、Illustrator CC 2018 及以上版本、百度网盘 App。

# 任务一　扁平化图标设计

## 一、任务描述

　　通过本次任务,学生能够利用所给图标样例,按照一定的风格与扁平化图标设计要点设计扁平化图标。

## 二、学习目标

(1)了解扁平化图标设计的特点。

(2)熟悉扁平化图标设计的过程。

(3)掌握扁平化图标设计的方法。

素材.rar

（4）掌握形状图形的绘制方法。

（5）了解"阴影"等表现手法。

## 三、任务实施

### （一）了解扁平化图标

**1. 扁平化设计的概念**

扁平化设计，从其字面含义上理解是指设计的整体效果趋向于扁平、无立体感。扁平化设计的核心是在设计中摒弃高光、阴影、纹理和渐变等装饰性效果，通过符号化或简化的图形设计元素来表现设计效果。在扁平化设计中去除了冗余的效果和交互，其交互核心在于突出功能本身的使用。扁平化是一种二维形态，这种设计的核心理念就是化繁为简，把一个事物尽可能用最简洁的方式表现出来，但简洁不等于简单。如果拟物化是西方的油画，注重写实，那扁平化就更像是中国风的水墨画，注重的是写意。尤其在移动设备上，能尽量多地在较小的屏幕空间显示内容而不显得臃肿，使人有干净、整洁的感觉。

扁平化的界面通常使用鲜艳、明亮的色块进行设计。形态方面，以圆、矩形等简单几何形态为主，界面按钮和选项也更少。扁平化风格中设计元素的减少，使得色彩的使用更加规范、字体标准更加统一，使其形态与整体更加相适应，因此更加容易形成完整一致的模式，也使得整个界面简洁大方、充满现代感，从而呈现出极简主义的设计理念。

扁平化的界面能提升系统效率，降低设计成本。拟物化风格在细节处理上占用大量数据，数据量的增加势必提升系统的占用空间，降低运算速度。而扁平化风格由于设计元素、色彩的减少，摒弃了过多的装饰，使人机交互效率得到提升，系统功耗减少，提高了运算速度，延长了待机时间。

扁平化的界面能减少体验者使用过程的心理负担。随着硬件设备性能的不断提升，体验者的操作内容和范围也不断增加。拟物化界面的点触样式更容易造成使用过程中的不便，从而增加体验者心理负担造成疲劳。而扁平化设计的模糊触控范围点触区域，使体验者在使用过程中更加自如。

**2. 扁平化设计的优点**

（1）快速而高效。快速运转的现代社会，时间就是金钱。信息的更新迅速是由于互联网时代需要快速而高效地传递信息，如图 2-3 所示。这是扁平化设计出现一个重要的原因，也是很多交互设计选择扁平化设计的原因之一。

图 2-3　"扁平化设计"快速高效的样例

（2）信息突出。在扁平化设计中可以通过颜色的对比、大小不同的字号，让设计中重要的信息放在首要位置，不重要的元素有所弱化。这样的设计能让使用者可以很容易地将注意力集中在产品和信息上，而不会被设计界面中其他的视觉元素所干扰，从而突出核心信息和操作，增强设计的可读性，如图 2-4 所示。

（3）简洁清晰。简洁的设计总是让人喜爱的。在一个设计简洁、逻辑清晰的界面中，用户不仅能够很快找到自己所需要的内容，而且能够在使用过程中减少误操作，从而提高用户体验。如图 2-5 所示的支付宝手机界面采用干净利索的版面设计，没有过

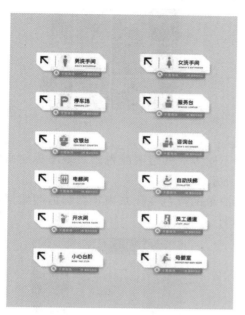

图 2-4 "扁平化设计"重点突出

图 2-5 "支付宝"扁平化界面设计

多的不必要元素。

（4）方便修改。很多设计都需要定期进行改版或者信息更新，从而保持新鲜感。使用扁平化设计，可以在最短的时间对设计内容进行更新，甚至只需要更新一下颜色值就可以让画面焕然一新，这样大幅节约了项目开发时间和成本。

**3. 扁平化图标的常用设计技法**

（1）常规基础图标。不添加任何的渐变、阴影、高光等体现图标透视感的图形元素，而是通过极其简约的基本形状图形、符号等表现图标主题，如图 2-6 所示。

（2）剪影图标。

剪影图标如图 2-7 所示。

图 2-6 常规基础图标

图 2-7 剪影图标

（3）彩色拼贴图标。颜色上利用一种或两种色相深浅不同的颜色作为拼贴色，造型上依然采用常规基本图标的简单线条，如图 2-8 所示。

（4）长投影图标。图标统一采用同一种投影模式进行投影，一般投影方式为从左上到右下。投影一般只有一种灰度，没有渐变，如图 2-9 所示。

图 2-8    彩色拼贴图标

图 2-9    长投影图标

（5）透明质感图标。透明质感图标多采用不同等级的透明颜色来表现图标的质感，这类图标多用于写实类图标创意类型，如图 2-10 所示。

（6）渐变为扁平轻质图标。这类图标采用简单的颜色变化来表现图标的明暗层次，其渐变效果比较简单，这类图标属于轻质图标，如图 2-11 所示。

图 2-10    透明质感图标

图 2-11    渐变为扁平轻质图标

（7）线构成图标。完全由线条构成的图标，这类图标适用于表达已经形成一定共识的内容，如图 2-12 所示。

（8）折纸风格图标。这类图标的设计模拟了折纸效果，往往在同一形状上有深浅不同的两种颜色，如图 2-13 所示。

图 2-12    线构成图标

图 2-13    折纸风格图标

**4. 扁平化图标设计原则**

界面设计的未来方向是简洁、易用和高效，精美的扁平化图标设计往往起到画龙点睛的作用，从而提升设计的视觉效果。现在，图标的设计越来越新颖、有独创性。扁平化图标设计的核心思想是要尽可能地发挥图标的优点：比文字直观漂亮，在该基础上尽可能使简洁、清晰、美观的图形表达出图标的意义。

（1）可识别原则。可识别性是图标设计的首要原则，是指设计的图标要能够准确地表达相应的含义，让用户一眼就能明白该图标要表达的意思。例如道路上的图标，它们可识别性强、直观、简单，即使不认识字的人，也可以立即了解其含义。

（2）差异性原则。差异性也是图标设计的重要原则之一，但同时也是容易被设计者忽略的一个原则。只有图标之间有差距，才能被用户所关注和记忆，从而对设计内容留有印象，否则该图标的设计就是失败的。

（3）环境协调性。任何图标或设计都不可能脱离环境而独立存在，图标最终要放在界面中才会起作用。因此，图标的设计要考虑图标所处的环境，这样的图标才能更好地为设计服务。

（4）视觉效果。图标设计追求视觉效果，一定要在保证差异性、可识别性和环境协调性原则的基础上，即首先满足基本的功能需求，然后再考虑更高层次的要求——视觉要求。

（5）创造性。在保证图标实用性的基础上，还要提高图标的创造性，只有这样才能和其他图标相区别，从而给浏览者留下深刻的印象。

### （二）扁平化图标绘制技巧

**1. 通过现实物品绘制**

在现实世界里存在许许多多真实的物品，例如相机、计算机、文件、日历、地图、时钟、沙发等，可以通过抽象的手法将它们绘制成扁平化图标，具体绘制步骤如下。

（1）观察现实参照物。找一张实物图片，观察它主要是由哪些部分构成的。以图 2-14 所示时钟为例，其主要由外框、表盘、刻度、数字和指针等构成。

（2）重新描绘图形。在实物图的基础上重新绘制，并去除一切质感、渐变、阴影、高光等，图形最终呈现扁平化，但这还不是图标，如图 2-15 所示。

（3）去除多余元素。保持简练的结构，将一些不必要的元素全部去除，最后只剩下外框、表盘和指针，现已逐渐出现图标的雏形，如图 2-16 所示。

图 2-14　时钟实物图　　　　图 2-15　重新绘制图形　　　　图 2-16　去除多余元素

（4）将图形抽象化。图标是对现实参照物的抽象化。重新刻画过于具象的指针，首先是使用简洁的圆柱形状替代具象的指针，然后调整结构让图标保持"平衡"，如图 2-17 所示。

（5）使用鲜艳色彩。图标的作用是指引用户，而鲜艳的色彩更能吸引用户的注意力。现在给每个元素重新搭配明亮干净的颜色，如图 2-18 所示。

（6）增添一些细节。一点点的细节就能让呆板的图标更加具有生命力。模仿现实参照物，为表盘添加内阴影，为指针添加投影，如图 2-19 所示。

图 2-17　将图形抽象化　　　　图 2-18　使用彩色　　　　图 2-19　增添细节

2. 通过拟物化图标绘制

拟物化图标是模拟现实参照物所绘制的图标,具有强烈的质感、纹理、立体、高光、投影等效果。将拟物化图标转为扁平化图标则必须将这些效果全部去除,同时进行适当的调整和简化,并通过色彩的明暗叠加来构建立体感。

(1) 观察拟物化图标。找一个拟物化图标,观察它主要是由哪些部分构成的,以Instagram 图标(作者:Artua)为例,其主要由机身、镜头、闪光灯、相片和按钮等构成,如图 2-20 所示。

(2) 绘制机身。将图标拆解成各个部件,然后逐个绘制。首先在图标的基础上绘制出"机身"的基础图形,然后再去除机身的立体厚度以及机身凸起的纹理,如图 2-21 所示。

(3) 绘制相片。使用笔直的矩形形状绘制相片,去除鼓起、弯曲、折角、投影等现实效果;高光部分则使用白色矩形调整不透明度叠加在相片上,如图 2-22 所示。

图 2-20 拟物化相机图标

图 2-21 绘制机身

图 2-22 绘制相片

(4) 绘制镜头。镜头由多个圆形绘制而成。首先去除所有的渐变、高光等效果,再给镜头添加向下的平面投影,让镜头产生凸起的效果。

(5) 绘制按钮。按钮的厚度可以使用两个明暗不同的颜色叠加完成,然后给按钮添加向下的平面投影,使它们产生立体感,如图 2-23 所示。

(6) 绘制闪光灯。观察闪光灯,发现它是一块凸起的灯片内嵌在机身上的。所以,在其内嵌部分使用深色、凸起部分使用浅色并添加高光效果,如图 2-24 所示。

3. 通过剪影图标绘制

如果把通过拟物化图标绘制看成做减法的话,那么通过剪影图标绘制就是做加法。扁平化图标原本也就是在剪影图标的基础上添加简单的图层效果,从而使简单的图标变得细节丰富又精致。

(1) 收集剪影图标。在网上搜索邮件的剪影图标,大概就是下面这两种,左边是面形剪影图标,右边是线形剪影图标。现以这个邮件的图标为基础,来绘制扁平化图标,如图 2-25 所示。

图 2-23 绘制按钮

图 2-24 绘制闪光灯

图 2-25 剪影图标

(2) 绘制基础形状。在现实生活中,这种欧式的信封是由一张菱形四边形的纸将 4 个角向中心折叠而成的。先绘制一个圆角矩形,再绘制一个三角形并与圆角矩形底部居中对齐,复制这个三角形并垂直翻转直至与圆角矩形顶部居中对齐,如图 2-26 所示。

（3）给形状填充颜色。信封是现实生活中既有的真实物品,通常它是白色的纸张。我们知道,折叠后最上面的角最亮,最下面的角最暗,中间的角其次。所以给这三个图层分别填充深浅不一的颜色。如果想要绘制极简风,那它就是了,如图 2-27 所示。

（4）添加细节。给每一层都加上浅浅的投影,特别要为上面的折角添加一个大的长投影,绘制成信封被打开翘起的效果;为下面的折角添加白色的内阴影,使它有纸张厚度的感觉,如图 2-28 所示。

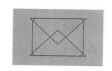

图 2-26　绘制基础图形　　图 2-27　三个图层分别填充深浅不一颜色的效果　　图 2-28　添加细节

（5）还可以把图标绘制成打开的信封,所以上面的角向上摊开。考虑到展开的信封高度增加了,所以需将角度重新调整一下。同时,为了使图标的内容更加丰富,可重新填充颜色,依次给每一层填充深浅不一的红色,如图 2-29 所示。

（6）绘制信纸。仅仅有一个打开的信封略微有些单调,我们再绘制一张信纸塞在信封里。信纸上有红蓝相间的装饰边,它们传递给用户一种信件的暗示。信纸上还绘制了由文字内容简化后的图形,使图标的细节更饱满,如图 2-30 所示。

（7）调整优化。最后审视图标会发现,信封可以再简化一些。去掉折角,将左边或右边的折角拖拽至最上层,并填充折角的颜色,如图 2-31 所示。

图 2-29　填色　　　　图 2-30　绘制信纸　　　图 2-31　调整优化

### （三）绘制相机扁平化图标

**1. 新建文件**

下面绘制一个扁平化图标。首先新建文件,设置"宽度"为"114px","高度"为"114px","画板"数量为"1"。高级选项设置为:"颜色模式"为"RGB","光栅效果"为"72ppi"。如图 2-32 所示,单击"创建"按钮,创建一个新的空白文档。

**2. 圆角矩形工具的使用**

单击"工具箱"中的"圆角矩形工具",设置"填充颜色"为"蓝色",可以看出这里面有一个"厚度",选中圆角矩形,按 Ctrl+C 组合键复制,按 Ctrl+F 组合键粘贴到前面,将其颜色改为浅一点的蓝色,单击"直接选择工具",向上拖动,"厚度"就可以显示出来了,如图 2-33 所示。

选择"矩形工具",单击"属性"按钮,选择"圆角矩形工具",设置"颜色"填充为"白色"。单击"矩形工具",绘制一个小长条,设置填充为深一点的蓝色,如图 2-34 所示。

**3. 椭圆工具的使用**

单击"椭圆工具",按住 Shift 键绘制一个椭圆,并填充为白色。按 Ctrl+C 组合键复制出两个白色的圆,并修改颜色。执行"窗口"→"路径查找器"→"减去顶层"命令,选中"裁剪"

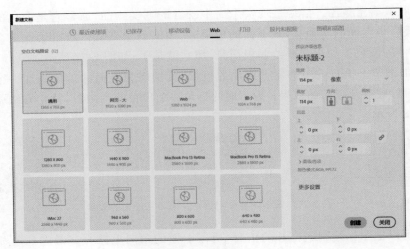

图 2-32　新建文件

后的半圆,将其颜色改为黑色,适当降低其不透明度,执行"排列"→"后移一层"命令,如图 2-35、图 2-36 所示。

图 2-33　绘制背景　　　　图 2-34　背景制作　　　图 2-35　绘制椭圆与路径查找器

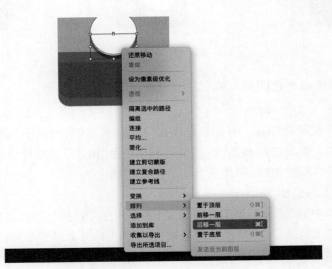

图 2-36　排列图形

接下来画三个不同大小的圆形,色彩通色号分别为 122F5A、334A79、113665,如图 2-37 所示。

绘制两个不同大小对角线方向的椭圆,色彩通色号分别为 97B1C7 和 536895,效果如图 2-38 所示。

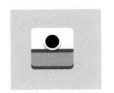
图 2-37 绘制圆形镜头

图 2-38 绘制镜头高光

绘制两个像光圈的椭圆,将颜色设置为"白色",降低其不透明度。用"圆角矩形工具"画一个矩形,同时选中光圈和矩形,右击并在弹出的快捷菜单中执行"建立剪切蒙版"命令,如图 2-39、图 2-40 所示。

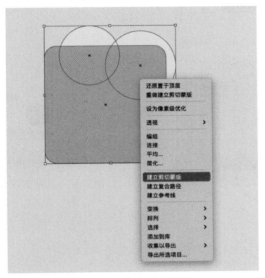
图 2-39 建立剪切蒙版

图 2-40 镜头"高光"效果

如图 2-41 所示,利用"圆角矩形工具"和"椭圆工具"绘制装饰。

如图 2-42 所示,利用"矩形工具"绘制出片口,其颜色分别为墨蓝色、白色、浅灰色。

**4. 钢笔工具的使用**

单击工具箱中的"钢笔工具"进行绘制,执行"效果"→"模糊"→"高斯模糊"命令,对右下角的"折角"添加效果,让它看上去更加自然,如图 2-43、图 2-44 所示。

图 2-41 绘制相机装饰

图 2-42 绘制出片口

图 2-43 选择"钢笔工具"

图标的最终效果如图 2-45 所示。

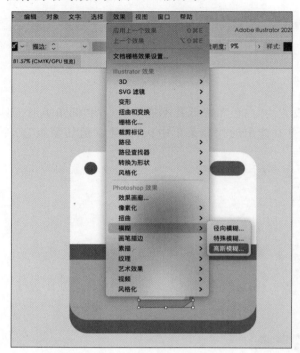

相机扁平化图标.mp4

图 2-44    "高斯模糊"命令

图 2-45    图标的最终效果

## 四、任务拓展

### 任务拓展一    "粉色相机"绘制

1. 新建

新建文档,设置"宽度"为"42px","高度"为"42px","画板"数量为"1";高级选项设置为:"颜色模式"为"RGB","光栅效果"为"72ppi"。单击"创建"按钮,创建一个新的空白文档,如图 2-46 所示。

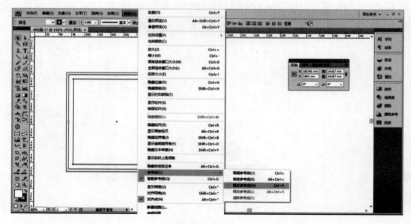

图 2-46    新建文档

**2. 建立参考线**

执行"视图"→"参考线"→"建立参考线"命令,分别绘制大小为 40px×40px 和 38px×38px 的矩形边框,如图 2-47 所示。

**3. 绘制相机轮廓**

利用"圆角矩形工具"绘制相机轮廓,将其作为图标轮廓使用,根据样例填充白色。利用"矩形工具"绘制相机装饰带,利用"吸管工具"吸取样例装饰颜色并填充,如图 2-48 所示。

**4. 绘制镜头**

(1) 按 Shift 键利用"椭圆工具"绘制正圆,其中心与画布中心对齐,填充白色,绘制出镜头边缘;按 Ctrl+C 和 Ctrl+F 组合键复制正圆,填充黑色;按 Alt+Shift 组合键等比缩小同心黑色正圆,获得镜头轮廓,如图 2-49 所示。

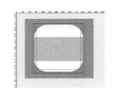
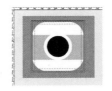

图 2-47　建立参考线　　　　图 2-48　绘制相机轮廓　　　　图 2-49　绘制镜头轮廓

(2) 按 Ctrl+C 和 Ctrl+F 组合键复制正圆,填充白色;按 Alt+Shift 组合键等比同心缩小白色正圆;按 Ctrl+C 和 Ctrl+F 组合键复制正圆,调整"透明度"为"25%",将此圆偏移放置;按 Shift 键等比缩小此圆,调整"透明度"为"82%",移动其位置,绘制出镜头光泽感,效果如图 2-50 所示。

**5. 绘制按钮与闪光灯**

(1) 按 Shift 键的同时,利用"椭圆工具"绘制黑色正圆,并放置到按钮位置。使用 Ctrl+C 和 Ctrl+F 组合键复制正圆,填充灰色;后移一层,并调整与黑色正圆之间的位置,制作阴影效果,如图 2-51 所示。

(2) 利用"圆角矩形工具"绘制闪光灯轮廓,吸取填充装饰带样色,制作阴影效果。利用"线段工具"绘制线条,改变"描边颜色"为"白色","宽度"为"0.75pt"。使用 Ctrl+C 和 Ctrl+F 组合键复制线段,按 Shift 键线性移动,继续使用 Ctrl+C 和 Ctrl+F 组合键复制线段,按 Ctrl+D 组合键重复之前的移动操作,完成闪光灯灯光条的绘制。相机图标整体完成效果如图 2-52 所示。

图 2-50　绘制镜头光泽感　　图 2-51　绘制按钮并制作阴影效果　　图 2-52　相机图标整体完成效果

**6. 输出图标文件**

将文件导出为 PNG 格式,图标背景最好选择"透明",便于在不同界面使用,如图 2-53 所示。

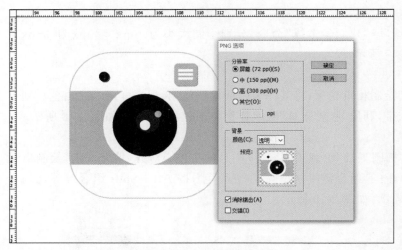

图 2-53　输出文件的格式设置　　　　　　　　　　"粉色相机"的绘制.mp4

### 任务拓展二　"狐狸图标"绘制

**1. 新建**

新建文档,设置"宽度"为"114px","高度"为"114px","画板"数量为"1"。高级选项的设置为:"颜色模式"为"CMYK 颜色","光栅效果"为"300ppi"。单击"创建"按钮创建一个新的"空白文档",如图 2-54 所示。

图 2-54　新建文件

**2. 底图的制作**

选择"椭圆工具"绘制一个正圆,其颜色设置为"绿色",参数如图 2-55 所示。在对齐面板中选择"居中对齐",放大图形达到"新建文档"的最边缘处,并使用 Ctrl+2 组合键锁定当前图形。

**3. 绘制"狐狸头部"轮廓**

(1)选择"椭圆工具"绘制一个橘黄色的圆形,颜色参数如图 2-55 所示。

(2)选中橘黄色的圆形,单击"钢笔工具"中的"锚点工具",选中圆形的最左边和最右边的锚点并单击,得到如图 2-56 所示图形。随后,单击"直接选择工具",并选中下面的锚点,按住 Shift 键并向上拖曳,可以得到如图 2-57 所示。

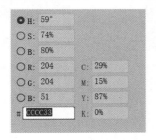

图 2-55　颜色参数

图 2-56　使用锚点工具选中相应的"锚点"

（3）按住 Alt 键复制一个图 2-57 所示图形,并放在旁边,按 Alt＋Shift 组合键平移一下该图形。选择原来的形状,按住 Alt 键复制,如图 2-58 所示。单击"锚点工具",选中图形下面的锚点并删除,如图 2-59 所示。

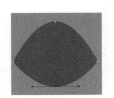

图 2-57　锚点拖曳后的图形

图 2-58　复制

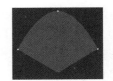

图 2-59　删除锚点

（4）拉动方向线来改变图形,可以得到如图 2-60 所示图形。拖曳其左右两边的锚点,使其形成有一定弧度的角,调整角度得到如图 2-61 所示图形。

（5）将此图形的颜色改为白色,把所得到的白色图形缩小并移动到相应位置。选中两个"橘黄色的图形",使用 Ctrl＋Shift＋]组合键将其置于顶层,如图 2-62 所示。接着选中这两个图形,按 Shift＋M 组合键并使用"图片生成器"向下滑动一下,这两个图形就会变成一个整体的形状,如图 2-63 所示。

图 2-60　拉动方向线后效果

图 2-61　调整弧度后效果

图 2-62　将橘色图形置顶的效果图

（6）按 Ctrl＋C 和 Ctrl＋F 组合键粘贴出来一层。选择"钢笔工具"中的"删除锚点工具"删除位于下方的锚点,如图 2-64 所示。把下面一层图形的颜色改为白色,单击"直接选择工具"并按住 Shift 键向上拖曳,生成如图 2-65 所示的图形。

（7）把下面一层的图形颜色改为灰色,如图 2-66 所示。

图 2-63　使用"图片生成器"生成的效果图　　图 2-64　调整锚点　　图 2-65　向上拖曳后效果

（8）选择"锚点工具"，单击（7）中所述图形的锚点，再次拖曳出一定的弧度，如图 2-67 所示。

（9）选中这三个图形，再次单击上边的图形，让它作为关键对象，并进行对齐，如图 2-68 所示。

图 2-66　更改图形颜色为灰色　　图 2-67　调整锚点并拖曳出弧度　　图 2-68　对齐后的图形

**4. 绘制"狐狸的耳朵"**

（1）选择"多边形工具"，拖曳的同时按住"↓"变成三角形。执行"效果"→"变形"命令，在"变形选项"对话框内，设置"样式"为"凸出"，如图 2-69 所示。执行"对象"→"扩展外观"命令，可以得到如图 2-70 所示的图形。

图 2-69　变形参数　　　　　　　　　　图 2-70　拓展外观

（2）单击选择工具，选中图形上部的尖角并单击，将缩小锚点，并使图形转换为平滑，如图 2-71 所示，最终可以得到如图 2-72 所示的效果图。

（3）用"吸管工具"吸取橘黄色并改变耳朵的颜色，按 Ctrl＋C 组合键和 Ctrl＋F 组合键复制耳朵，并在原位置粘贴一个。按住 Shift 键缩小其中一个耳朵，用"吸管工具"吸取下面的颜色。选中这两个图形，按 Ctrl＋G 组合键进行编组，如图 2-73 所示，并把所得到的图形移动到相应位置。

（4）选中除了耳朵外的其他图形，按 Ctrl＋Shift＋］组合键得到如图 2-74 所示效果。选中耳朵并选择"镜像工具"，在顶点的位置按住 Alt 键并复制一个，得到如图 2-75 所示效果。

转换：

图 2-71　示意图　　　　图 2-72　效果图（1）　　　　图 2-73　效果图（2）

5．绘制"狐狸眼睛"

（1）选择"椭圆工具"绘制一个圆形并填充为黑色。单击"直接选择工具"，单击圆形下边的锚点并删除得到一个半圆，如图 2-76 所示。选择"直线工具"绘制一条黑色的直线，在黑色的眼睛上绘制一个白色的小圆，并且编组。

图 2-74　选中除"耳朵"外的其他图形效果图 　　图 2-75　复制出另一个耳朵　　图 2-76　绘制半圆

（2）单击"镜像工具"，按住 Alt 键单击，复制一个如图 2-77 所示的图形，并且改变小白点的位置，使其左右对称。

（3）使用"圆角矩形工具"制作一个鼻子并填充为浅一点的橘黄色，如图 2-78 所示。再绘制一个黑色的圆，如图 2-79 所示。

图 2-77　复制 　　　　　图 2-78　绘制鼻子并填充颜色　　　　图 2-79　绘制黑色的圆

（4）选中黑色的直线，按 Alt＋Ctrl＋2 组合键解锁。单击这条线，执行"对象"→"路径"→"分割下方对象"命令。

（5）选中图形右半部分的图案，改变其颜色，使"黑色"增加"10％"，如图 2-80 所示。

6．绘制狐狸的"胡子"

（1）选择"椭圆工具"设置其"描边"为"棕色"，无填充；选择"直接选择工具"删除一个锚点；选择"镜像工具"并按住 Alt 键复制一个；选中两个半圆的边框，改变"描边"为圆头旋转"180°"，如图 2-81 所示。

图 2-80　改变颜色 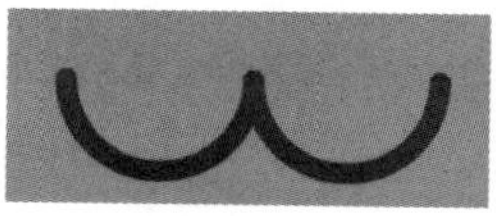　　　　　　图 2-81　绘制"胡子"

（2）把小鼻子置于顶层,并把小胡子放置到合适位置,最终得到绘制后的狐狸如图 2-82 所示。

使用类似的设计技巧可以设计并制作出其他动物风格扁平化图标,如图 2-83 所示。

图 2-82　狐狸绘制完成的效果图

图 2-83　图标示意图

### 任务拓展三　"小熊"图标绘制

**1. 新建**

新建文档,设置"宽度"为"150px","高度"为"150px","画板"数量为"1"。高级选项的设置为:"颜色模式"为"CMYK","光栅效果"为"300ppi"。单击"创建"按钮创建一个新的空白文档,如图 2-84 所示。

图 2-84　新建文件

**2. 绘制浣熊头部轮廓**

（1）绘制大小为 80px×80px 的正圆,填充为柔和的蓝色,上下挤压正圆,使其形状更宽,如图 2-85 所示。选择"锚点工具",按住 Shift 键将两边的锚点向下拖动几个像素,然后松开 Shift 键。单击这两个锚点,将其转换为尖角,如图 2-86 所示。

图 2-85　挤压图形

（2）使用"多边形工具",参数设置如图 2-87 所示,绘制三角形并填色。

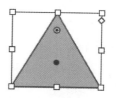

图 2-86　调整锚点　　　　　图 2-87　"多边形"参数及效果图

（3）执行"效果"→"变形"→"凸出"命令，参数设置及效果如图 2-88 所示。

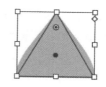

图 2-88　"变形选项"参数及效果图

（4）执行"对象"→"扩展外观"命令，使用"直接选择工具"选择上部定位点，并单击"将所选锚点转换为平滑"按钮以使角部平滑。缩短此锚点并向上拖动，使耳朵更尖，如图 2-89 所示。

（5）按 Ctrl＋C 和 Ctrl＋F 组合键再复制粘贴一个，并将副本等比缩小，并填充较深的颜色，底边放置如图 2-90 所示。

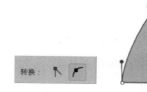

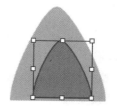

图 2-89　效果图（1）　　　　图 2-90　效果图（2）

（6）将其编组，旋转后放置在头的右侧，复制后做"垂直镜像"，平移至头部的左侧，形成浣熊头部轮廓，如图 2-91 所示。

**3. 绘制浣熊面部**

（1）按 16px×7px 的深灰色椭圆形绘制一个鼻子，将其顶部的锚点向上拖动一下，如图 2-92 所示。

图 2-91　效果图（3）　　　　图 2-92　绘制深灰色鼻子

（2）使用深灰色笔触颜色创建另一个椭圆，并在"颜色面板"中将"填充颜色"设置为"无"。用"剪刀工具"分别单击左侧和右侧的定位点，将图形水平分割成左右对称的两部分。删除其上半部分，让浣熊做"微笑"形状，如图 2-93 所示。

（3）复制脸部形状，等比缩小，填充白色，并将其放置在鼻子区域下方，如图 2-94 所示。

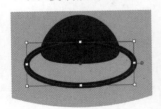
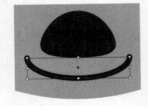

图 2-93　绘制微笑　　　　　　　　　　图 2-94　绘制脸部并等比缩小

（4）添加两个带有白色高光的黑色小眼睛，将它们分组并在"对齐面板"中水平对齐脸部，使脸部成为关键对象，如图 2-95 所示。

（5）再次复制脸部形状，等比例缩小一些，用深蓝色填充，并将其放在脸部的底部，形成一个"面膜"，如图 2-96 所示。

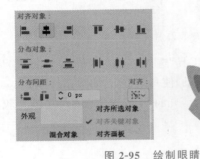

图 2-95　绘制眼睛　　　　　　　　　　图 2-96　效果图（1）

（6）用"矩形工具"在面部中间画一条垂直条，与深色面膜水平居中对齐，按 Shift 键同时选中两者。执行"路径查找器"→"减去顶层"命令。取消编组，并通过"直接选择工具"调整角部，稍微使其变圆，将其向后层移动，如图 2-97 所示。

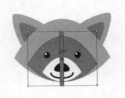

图 2-97　效果图（2）

（7）将浣熊头部所有元素组合。利用"路径查找器"→"形状模式"→"联集"命令，将它们合并成一个单一的形状。将轮廓的"混合模式"切换为"倍增"，使其变为半透明。最后，选择轮廓，使用"橡皮擦工具"（Shift＋E 组合键），同时按住 Alt 键，将鼠标拖动到浣熊头部的左半部分，用白色矩形覆盖它。释放鼠标按钮以删除覆盖的部分。再装饰一下，最后得到具有半面平坦阴影的浣熊头像，如图 2-98 所示。

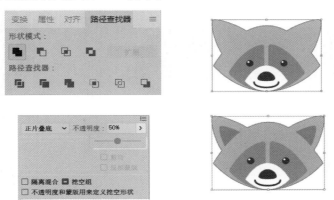

图 2-98　将"头部"所有元素组合

**4. 制作"长阴影图标"**

（1）为图标的底部做一个 106px×106px 大小的绿松石色正圆，然后将浣熊的头部放在中间，如图 2-99 所示。

图 2-99　绘制底层图形

（2）创建一个 80px×80px 的正方形，并按住 Shift 键将其旋转至 45°。将正方形的"混合模式"切换为"正片叠底"，使其变为半透明，并将该图形放置在浣熊上方。如果需要，可使形状稍窄一点，然后将其移动，直到找到该图形与头部重叠的两个点。在我们的例子中，它是右耳的尖端和脸部的左侧。使用"添加锚点工具"在这些点上添加两个锚点，然后切换到"删除锚点工具"并删除矩形顶部的那些不需要的锚点，隐藏顶部的图形，露出浣熊的头，如图 2-100 所示。

（3）将阴影放置在头部下方，使用"形状生成工具"（Shift＋M 组合键）删除图标外部不需要的部分。带有时髦平面阴影的花式图标就完成了，如图 2-101 所示。

狐狸图标的绘制.mp4

图 2-101　最终效果

图 2-100　制作蒙版

## 【知识拓展】

### App 图标

应用图标带给用户产品的第一印象。从某种程度上来说,用户可以通过应用图标判断出一款产品的好坏。一个好的应用图标应该能清晰地传递出产品的内涵。

一、应用图标的常见设计形式

应用图标的设计形式较多样,包括抽象图形、文字、卡通形象和功能图形等。

1. 抽象图形的运用

随着设计行业的不断发展,拟物化图标逐渐消失,取而代之的是扁平化图标。扁平化图标通常由抽象元素制作而成,虽然看起来简单了,但其实对设计提出了更高的要求。例如QQ 音乐与网易云音乐的音符图形,微信的气泡图形,如图 2-102 所示。

在应用图标的设计中运用抽象图形的优点是可以让用户第一眼看到图标时就知道这大概是什么产品,并且使得品牌具有独特性;运用抽象图形的缺点是对设计要求较高且设计难度较大,一旦图形被设计得太过抽象,就会降低产品的识别度,并且无法使其很好地与其他图标区分开来,质感较差。

2. 文字的运用

用户对汉字的敏感程度远远高于图形。因此,如今越来越多的产品开始使用文字来设计应用图标了。在使用文字设计应用图标时,一般会选择产品名称中具有代表性的文字,并且会通过对字体笔画做出一些变化,使得图标能够与产品的属性相融合。一般来说,品牌名称不超过 3 个字的产品都适合采用此类设计形式进行图标设计,如淘宝图标、知乎图标及闲鱼图标等;而针对品牌名称超过 3 个字的产品,最好筛选具有代表性的文字作为图标,如图 2-103 所示。

图 2-102　图形图标　　　　　　　　　　图 2-103　文字图标

在应用图标的设计中,运用文字的优点是可以让用户更好地记住产品,其缺点是品牌延展性较差。在营造产品格调时,文字图标相比图形图标来说难度要大一些,并且对于一些较为小众的产品来说,仅通过文字是很难清晰地传递出产品属性的。

3.卡通形象的运用

随着各大主流产品吉祥物的出现,很多品牌商索性把吉祥物的卡通形象融入应用图标的设计中,如京东商城的卡通小狗形象、美团外卖的卡通袋鼠形象,以及斗鱼直播的卡通鲨鱼形象等,如图 2-104 所示。

在应用图标的设计中,运用卡通形象的优点是可以让产品更具情感,相比抽象的图形和纯粹的文字运用与表达来说,会显得更亲切一些。其缺点是在视觉上较容易与其他同类图标产生混淆的情况。

4.功能图形的运用

针对一些体量较小且功能性较单一的产品,为了更清晰地传递产品属性,设计师可能会直接根据功能需求来设计出相应的功能图形并运用到图标设计中。例如高德地图的图标以及 360 日历图标等,如图 2-105 所示。

在应用图标的设计中,运用功能图形的优点是可以强调工具属性,减少用户认知成本。其缺点是针对一些功能体量较大的产品,很难通过一个功能图形将产品属性信息传递清楚,而且不容易表现出与同类产品图标的差异化。

二、应用图标的设计技巧及注意事项

1.简洁的设计元素

应用图标在手机屏幕中的显示尺寸仅为 120px×20px,甚至有的图标显示尺寸还比这个更小。因此,在设计应用图标时要做到尽量简洁,避免小尺寸展示时出现不清晰甚至无法识别的情况。同时,简洁的效果也能从一定程度上提升图标的质感,如图 2-106 所示。QQ音乐图标与饿了么图标的设计元素都非常简洁,即使缩小也可以看得清其结构。

图 2-104　动物图标 　　　　　图 2-105　功能图标　　　　　图 2-106　简洁图标

2.独特的设计语言

目前,手机界面上的应用图标数量惊人。要想在数以万计的应用图标制作中制作出个性化且贴合用户需求的图标,就必须运用独特的设计语言,突出产品的核心特征和属性,如图 2-107 所示。

ofo 共享单车的图标是由 3 个字母组成的一个单车的轮廓,简洁而又明确。

3.设计语言符合产品性格

一定要符合产品的性格。应用图标能带给用户产品的第一印象,所以应用图标的设计要符合产品性格。如图 2-108 所示,抖音的图标可以体现出产品青春、动感的性格。

4.不宜使用照片

在应用图标的设计中,应尽量避免直接使用照片。因为图片缩小后很多细节都不容易看清,如此会影响图标的识别性。同时,由于图标缩小后其图片质量也可能会降低,因此对图标的质感也会有影响。

5. 明亮鲜活的色彩

iOS 10 系统人机界面指南中阐明了其色彩搭配的一些规范,其内置的应用程序选择使用了一些更具个性的、纯粹的且干净的颜色。例如,iOS 系统内置的"记事本"应用图标使用的是橙白色,"天气"和"视频"应用图标使用的是蓝色,都从一定程度上体现了产品的功能,更方便用户区分,如图 2-109 所示。

图 2-109　色彩搭配

图 2-107　语言图标

图 2-108　设计感图标

## 任务二　扁平化图标创意

### 一、任务描述

通过本次任务,学生能够根据设计主题的要求选择恰当的图标设计风格,并按照图标设计制作规范设计绘制一系列不同功能的扁平化图标。本次任务需要设计一款音乐播放类图标。

### 二、学习目标

(1)了解扁平化图标设计风格类型。

(2)掌握扁平化图标设计过程。

(3)掌握扁平化图标创意设计技巧。

(4)掌握"轻质感""长阴影""折纸"等效果图标的表现形式。

(5)掌握利用"混合工具"建立"长阴影"的方法。

(6)掌握"减去顶层"命令进行路径剪切的技巧。

素材. rar

## 三、任务实施

### 步骤一　确定图标风格

所谓图标的风格,表现为对图标题材选择的一贯性和独特性、对图标主题思想的挖掘,也表现为对创作手法的运用、塑造形象的方式、对艺术语言的驾驭等方面的独创性。对于一套图标来说,如果图标的视觉设计协调统一、选用元素的出处统一,我们就说这套图标具有自己的风格。

图标的风格有很多种,在开始设计图标之前,考虑好图标的风格非常重要。首先要考虑风格的定位,只有先将风格定位做好,才能着手进行图标的设计与制作,并保证在设计时能一直遵循这个风格。

图标设计的风格没有固定的形式,也没有所谓的对错,甚至流行的设计趋势也会反复。有时流行复古风格,过一段时间又流行现代风格。在我们使用的手机、平板电脑中,图标的扁平化设计成为流行趋势,它强调图标的简洁性、寓意性,去除冗余、厚重和繁杂的装饰效果,让图标所表述的功能本身作为核心被凸显出来。

根据界面主题或应用场合,图标的元素风格可以定位为卡通、国风、科技、文艺等各种有代表特色的选材方向。但不论选择哪种设计风格,都要使同系列图标具有相同的"DNA",即保证图标风格的统一性。具体可以从以下两个方面入手。

(1)图标的统一性可以表现在设计手法上,可以尝试在图标的外形上寻求统一。如图2-110及图2-111所示的两套图标,每套图标的外形都是一致的,在统一的外形中再添加元素对图标进行区分。在设计这种类型的图标时,要注意图标的差异性原则,要能够很容易地辨识出每个图标所代表的含义。

图2-110　线性图标

图2-111　线面结合图标

(2)图标设计风格统一的另一种常用表现手法就是统一图标设计元素的出处,它们可以选自同一个时代、同一部电影、同一个环境等,将这些图标设计成拟物化的图形,也能够带来很好的设计效果。如图2-111所示的一套图标的灵感来源于西方中古时代,是以当时的物品为原型,提取其特征并适当加入新的设计元素设计出来的。

### 步骤二 选择图标表现手法

细心观察可以发现不同风格的扁平化图标,概括起来主要有 4 种表现形式,主要是基

础、轻质感、长阴影和折纸,如图 2-112 所示的为长阴影图标。

基础形式的扁平化图标,不添加任何的渐变、阴影、高光等体现图标透视感的图形元素,而是通过极其简约的基本图形、符号等表现出图标的主题。

基础形式图标是纯平面的扁平化图标,其显著特点是纯色和剪影,说白了就是最普通的平面图标,纯 2D 的。这种图标的优点在于简约、简洁,没有花里胡哨的东西,重点突出。

图 2-112 长阴影图标

### 步骤三 设计图标内容

**1. 图标设计要素和结构**

在图标的设计中,组成图标的基本要素可演绎为点、线、面来检查它们各自的特性与彼此的效用。而点、线、面作为最基本的构成要素,在图标设计的造型中有各自的特点。

点不仅是数学的基本概念,也有大小、形状、方向细微变化的各种属性。在图标的设计中,以点的形式制作出的效果通常起到画龙点睛的作用。

线在图标设计中具有切割和领导的作用。在图标设计实践中,在合理使用的基础上,线可以更好地使图标达到预期的目标。因为不同的绘图工具让线元素有了不同的特点。在图标设计中,正确使用不同线条是传达感情非常有效的方法。

面通常是点和线的聚集。在具体的设计实践中,面作为基本建模元素,也是每个元素之间的内在联系。例如点既可以形成线的排列,也可以实现点集。

**2. 图标型的把握**

图标中型的把握,即对于度的把握与调整,我们常用对比和调和这两种方法进行调整,从而达到我们想要的变化和统一。

通常,我们处理图标主要有两种思想。大对比,小调和,即总体是对比的格局,局部是调和;大调和和小对比,则是总体上调和,局部上存在对比。

**3. 元素的组合**

组合元素的数量不要太多,多个元素组合成的图标,在缩小后容易造成识别困难的问题,缩小后不易于识别。图标造型的主题应重点反映其差异性。

(1)当概念本身在现实世界有直接对应的物理形态时,可以将此形态作为图标的主要的造型元素。如日历、地图。

(2)当概念表达一个抽象动作时,可以在造型元素中使用表达其运行机制的指示性符号。如同步、上传、后退。

(3)当概念表达一个抽象动作时,可以在造型元素中使用与该动作有关的道具。如购买用购物车。

(4)在造型中使用与图标语义相关的元素。如 Burning Disk、Home Page。

(5)当品牌因素至关重要时,在造型元素中使用品牌的语言。

### 步骤四　图标草图绘制

在确定了图标设计风格和内容后,就可以进行草图绘制了。所谓草图绘制,就是指手绘图标的设计草稿。手绘是一切造型艺术的基础,有利于把握好形体、空间、明暗关系,是图标设计不可缺少的部分,它是后期计算机制图的基础。

对于设计师来说,手绘的重要性是不可替代的,因为手绘是设计师表达情感、表达设计理念、表述方案最直接的"视觉语言"。不论设计什么项目,初期寻找灵感来源、形成具体设计思路之前,都可借助手绘稿来整理思路、进行创意实现。这种方法速度快、效率高、容易修改。

本音乐图标在设计时根据 Music、耳机、唱片三个符号进行再次创作。首先手绘出三个与音乐相关的符号,如图 2-113~图 2-115 所示。

图 2-113　Music 符号

图 2-114　耳机符号

我们根据这三个音乐相关的符号,进行再次创作,采用手绘形式创作出的音乐图标草稿如图 2-116 所示。

图 2-115　唱片符号

图 2-116　音乐要素合成

相对于游戏原画设计、建筑设计、工业设计等设计行业来说,图标设计对手绘的要求并不高,更多的是对一些构成原理的运用。在进行图标手绘的过程中,素描的表现手法是基础。用素描的方法表现出图标的造型、结构、透视和明暗关系,就基本可以满足图标的手绘要求了。

### 步骤五　计算机制作

#### 1. 新建文件

新建一个名为音乐播放类图标的 400px×400px 的文件,"画板"数量为"1","出血"的上、下、左、右各为"0px","颜色模式"为"RGB","光栅效果"是"72ppi",详细参数如图 2-117所示。

#### 2. 设置底色

单击"矩形工具"■绘制一个和画板一样大小的"矩形",填充色为"橙粉色","描边"设置为"无"。单击"选择工具",按住并拖动画板左下角(四个角都可以)的"圆点",使"直角"变成"圆角",效果如图 2-118 所示。

图 2-117　"新建文档"的参数设置

图 2-118　设置底色

**3. 绘制唱片图标**

单击"椭圆工具" ⬭,按 Shift 键绘制一个正圆,填充色为"白色",设置"描边"为"无"。使用 Ctrl+C 组合键复制,使用 Ctrl+F 组合键在当前位置粘贴。选中新的圆形,同时按住 Shift 键和 Alt 键,按比例缩小。设置填充色为"橙粉色",设置"描边"为"无"。重复上述步骤再复制一个更小的圆形,填充色为"白色","描边"设置为"无",效果如图 2-119 所示。

**4. 绘制耳机图标**

使用"直线段工具" ╱ 绘制 M。取消填充色,"描边"色设置为"橙粉色","粗细"改为"4pt"。选中"中间左边的那根线段",使用 Ctrl+C 组合键复制,使用 Ctrl+F 组合键在当前位置粘贴。选中新的线段,将线段调短(不要改变角度),"描边"色改为"白色"。使用同样的步骤修改中间右边线段,效果如图 2-120 所示。

使用"钢笔工具" ✐ 绘制一个类似半圆的图形,再使用"锚点工具" ⌐ 和"直接选择工具" ▶ 对其进行微调,效果如图 2-121 所示。

图 2-119　唱片效果图

图 2-120　线段效果图

图 2-121　耳机局部

使用 Ctrl+C 组合键复制,再使用 Ctrl+V 组合键粘贴,将两个图形放置到如图 2-122 所示位置。

使用 Ctrl+C 组合键复制 M 的左边竖线,再使用 Ctrl+F 组合键原位置粘贴。选中"新的线段",将线段调短(不要改变角度),"描边"色改为"白色"。使用同样的步骤改右边竖线,效果如图 2-123 所示。

图 2-122　图形组合

图 2-123　效果图

## 四、任务拓展

### 任务拓展一　轻质音响绘制

Photoshop 和 Illustrator 在制作图标时各有所长。Photoshop 软件主要用于处理位图，用它制作的图像色彩丰富细腻、光影变化流畅、羽化过渡自然，其拥有的功能强大的滤镜和图层样式为图像增添了无穷的变化效果。Illustrator 软件主要用于处理矢量图像，在文字排版、路径造型、路径修改等方面优势突出。下面用 Illustrator 软件来设计一款轻质风格的音响图标，如图 2-124 所示。

**1. 新建文档**

执行"文件"→"新建"命令，弹出"新建"对话框，"宽度"设置为"1080px"，"高度"设置为"660px"，"颜色模式"为"RGB 颜色"，"光栅效果"为"72ppi"。单击"创建"按钮创建一个新的空白文档，如图 2-125 所示。

图 2-124　效果示意图

图 2-125　"新建文件"的参数设置

**2. 建立背景**

按快捷键 M，使用"矩形工具"绘制与画布同样大小的矩形，将其填充为"黑色"，"描边"设置为"无"。执行"效果"→"纹理"→"颗粒"命令，在对话框中设置如下参数，并使用快捷键 Ctrl＋2 锁定矩形，如图 2-126 所示。

**3. 绘制音箱主体**

（1）利用"矩形工具"绘制圆角矩形，按 Shift＋Alt 组合键从中心向四周拖曳绘制正方形，参数如图 2-120 左侧所示，填充颜色值为"R：0；G：146；B：69"，如图 2-127 所示。

（2）继续绘制"圆角矩形"，矩形"宽度"为"400px"，"高度"为"30px"，"半径"为"90px"。执行"效果"→"风格化"→"内发光"命令，在打开的对话框中设置参数，"滤色"颜色选择"浅

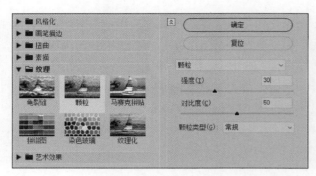

图 2-126　效果纹理

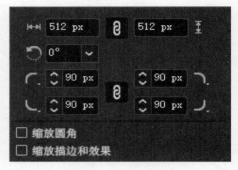

图 2-127　绘制圆角矩形

绿色"，如图 2-128 所示。

（3）按 Alt 键，同时按 Shift 键拖曳此矩形到合适的位置。重复使用 Ctrl＋D 组合键，完成相同的 6 个矩形的复制以备用。选中这 6 个矩形，使用 Ctrl＋G 组合键进行编组，与画布水平、垂直对齐，如图 2-129 所示。

图 2-128　内发光

图 2-129　绘制矩形

（4）选中正方形，按 Ctrl＋C 和 Ctrl＋F 组合键进行复制粘贴，并将其置于顶层，将备份的 6 个小矩形复制并群组，与画布居中对齐，并置于顶层，执行"路径查找器"→"形状模式"→"减去顶层"命令，得到如图 2-130 所示效果。

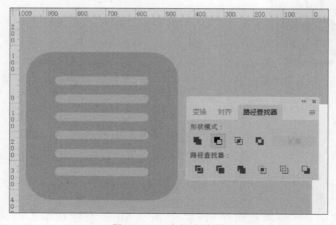

图 2-130　路径查找器

（5）执行"效果"→"风格化"→"阴影"命令，在打开的对话框中做设置，镂空效果如图 2-131 所示。

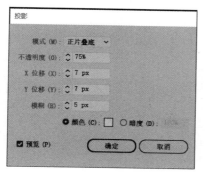 

图 2-131　风格化

（6）选择"椭圆工具"绘制直径为 314px 的正圆，填充暗绿色，并与画布居中对齐。按 Ctrl＋C 和 Ctrl＋F 组合键进行复制粘贴，并用 Ctrl＋Shift＋）组合键将其置于下一层，并将其向右下角移动一些。执行"效果"→"风格化"→"外发光"命令，在打开的对话框中将"滤色"颜色设置为"浅绿色"，其他参数设置如图 2-132 所示。

图 2-132　外发光

（7）将镂空正方形移至画布中心，并置于顶层，音箱主体效果如图 2-133 所示。

**4．绘制音箱装饰物**

（1）在音箱下部绘制正圆，填充暗绿色。使用 Ctrl＋C 和 Ctrl＋F 组合键进行复制粘贴，并填充为白色。按 Shift＋Alt 组合键同心等比缩小，按 Alt 键向下复制小圆备用，如图 2-134 所示。

（2）选中"白色小圆"，单击符号"＋"在小圆的 1/4 处增加 3 个锚点。按 Shift 键，同时直接选中新增的中间锚点，并拖曳出指针形状，如图 2-135 所示。

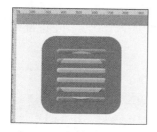  

图 2-133　音箱主体效果图　　　图 2-134　绘制白色小圆的效果图　　　图 2-135　绘制出指针形状

（3）将刚复制的白色小圆等比缩小，并与原小白圆中心对齐，执行"效果"→"风格化"→"阴影"命令，参数设置如图 2-136（a）所示。将这三个圆全部选中，按 Alt 键复制并移动到右侧，将指针圆垂直镜像，制作完成旋钮效果如图 2-136（b）所示。

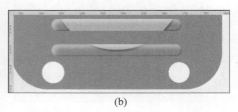

(a)　　　　　　　　　　　　　　　　　　(b)

图 2-136　"白色小圆"参数设置及效果图

（4）在两个旋钮中间绘制长条状矩形,将其圆角调为最大限度,选中它们,按 Alt 键将其复制并移动到下方,如图 2-137 所示。

（5）用"矩形工具"在下方圆角矩形中间绘制一个矩形,并将两者全部选中并居中对齐,执行"路径查找器"→"分割"命令,如图 2-138 所示。

图 2-137　绘制长条状矩形

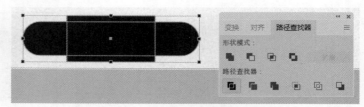

图 2-138　圆角矩形中绘制矩形

（6）执行"取消编组"命令,将上下两部分删掉,中间的部分填充淡绿色,并将其压扁一些,将其与左右两边的部分"垂直居中对齐",最后使用 Ctrl＋G 组合键进行"编组",效果如图 2-139 所示。

5．制作"轻质感阴影"效果

（1）将原白色圆角矩形填充为"暗绿色",按 Alt 键向右下方复制一个并移动,选中原"暗绿色圆角矩形",执行"对象"→"混合"→"混合选项"命令,在打开的对话框中做如图 2-140 所示的设置。

（2）按 Shift 键选中右下角的圆角矩形,执行"对象"→"混合"→"建立"命令,并将右下角圆角矩形的"透明度"设置为"0％",上方的圆角矩形的"透明度"设置为"50％",并将群组对象移动到圆角矩形处,效果如图 2-141 所示。

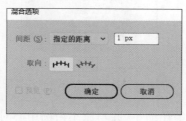
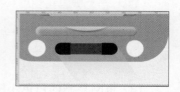

图 2-139　"编组"效果图　　　图 2-140　"混合选项"对话框　　　图 2-141　效果图

（3）用同样的方法制作两个旋钮的"阴影"效果，并将所有阴影的"透明度"设为"35%"，效果如图 2-142 所示。

（4）选中大正方形，使用 Ctrl+C 和 Ctrl+F 组合键进行复制，将其填充为稍暗的绿色，后移到背景前一层，向右下方移动一些，使图标更立体，完成效果如下图 2-143 所示。

去掉黑色背景，作为图标单独使用效果如图 2-144 所示。

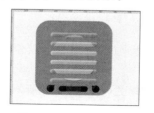

图 2-142　"阴影"效果　　　　图 2-143　"立体"效果　　　图 2-144　去掉黑色背景

**6. 输出保存图标文件**

导出图标文件为 PNG 格式，背景为透明，便于后期应用。

**任务拓展二　App 图标及界面设计**

（1）使用椭圆工具绘制圆形，尺寸为 266px×266px，如图 2-145 所示。

（2）绘制气球尾巴，如图 2-146 所示。

（3）将尾巴与圆组合，如图 2-147 所示。

图 2-145　绘制圆形　　　　图 2-146　绘制气球尾巴　　　图 2-147　组合后效果

（4）绘制镂空小气球，尺寸为 189px×225px，如图 2-148 所示。

复杂的图形通常是组合而来的，组合绘制方法能大大降低制作成本。大部分的图形都具备一个基础图形，如圆、方、多边形等，然后在这个基础上叠加、叠减。

（5）复制小气球，缩放到 137px×137px，并右击，在菜单中选择"减去顶层形状"命令，如图 2-149 所示。

图 2-148　绘制镂空小气球　　　　图 2-149　小气球缩放和"减去顶层形状"效果

（6）去掉小气球的部分形状，如图 2-150 所示。

（7）小气球和大气球组合，尺寸为 392px×318px，如图 2-151 所示。

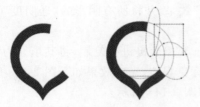

图 2-150　去掉小气球的部分形状

图 2-151　组合效果

（8）在 PS 中进行界面设计并置入 Logo,其位置为 $y$ 轴"506px"处,水平居中,如图 2-152 所示。

为"气球 1"添加"投影"样式,如图 2-153 所示。

图 2-152　置入图标并摆放位置

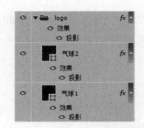

图 2-153　添加"投影"样式

气球 1 颜色为"♯ ffffff",添加"投影"样式。详细参数如图 2-154 所示:"混合模式"为"正片叠底";"颜色"为"♯ 7bc138";"不透明度"为"47％";"角度"为"120 度";"距离"为"16 像素";"扩展"为"100％";"大小"为"0 像素"。

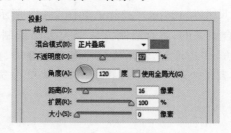

图 2-154　"投影"参数设置

气球 2 颜色为"♯ bbef8a",添加"投影"样式。详细参数如图 2-155 所示:"混合模式"为"正片叠底";"颜色"为"♯ bbef8a";"不透明度"为"47％";"角度"为"120 度";"距离"为"16 像素";"扩展"为"100％";"大小"为"0 像素"。

将气球 1 和气球 2 归类到 Logo 文件夹。详细参数如图 2-156 所示:"混合模式"为"正片叠底";"颜色"为"♯ 84ca42";"不透明度"为"65％";"角度"为"120 度";"距离"为"16 像素";"扩展"为"100％";"大小"为"0 像素"。

图 2-155　气球 2 添加"投影"样式参数设置

图 2-156　气球 1 与气球 2 同类参数设置

（9）制作 Logo 文字。

"Meet"使用的字体为"Helvetica Neue LT Pro""43 Light Extended"，"字号"为"84 点"，"颜色"为"＃ fefefe"，如图 2-157 所示。

图 2-157　制作 Logo 文字参数设置

图 2-158　"Chat"使用的文字参数设置

"Chat"使用的字体为"Helvetica Neue LT Pro""23 Ultra Light Extended"，"字号"为"84 点"，"颜色"为"＃ fefefe"，如图 2-158 所示。

"偶遇无界限"使用的字体为"思源黑体
CN""ExtraLight"，"字号"为"48 点"，"颜色"为
"＃ fefefe"，如图 2-159 所示。

图 2-159　"偶遇无界限"文字参数设置

"英文"位置为 y 轴"654px"处，且"水平居中"。"中文"位置为 y 轴"730px"处，且"水平居中"。

"字体"在整个设计中起到关键的作用，特别是移动端产品的设计。中英文一般会区分，做设计时常用的英文字体是"Helvetica"（一个非常出名的国外字体，也是苹果的专用字体）、思源黑体（Google 与 Adobe 合作开发的开源字体）。中文字体"华文细黑"也是很多做设计的同学喜欢用的字体，因为它跟 iOS 系统中的中文比较接近。

### 任务拓展三　设计音乐图标

**1．新建文件**

执行"文件"→"新建"命令，或按 Ctrl＋N 组合键，弹出"新建文档"对话框。

设置"宽度"为"114px"，"高度"为"114px"，"单位"为"像素"，"四边"均无"出血"，如图 1-17 所示。单击"确定"按钮创建一个空的新文档，如图 2-160 所示。

**2．绘制图标**

（1）"圆角矩形"背景

选择"圆角矩形工具" ![] 命令，在弹出的对话框中进行参数设置，其"宽度"为"114px"，"高度"为"114px"，"半径"为"20px"，"色彩通色号"为"9195ee"。

（2）椭圆

选择"圆角矩形工具" ![] 命令，在弹出的对话框中设置"宽度"为"108.8px"，"高度"为

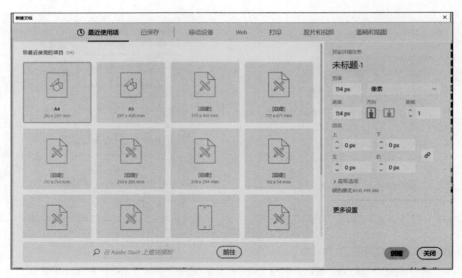

图 2-160    "新建文件"的参数设置

"106.8px"，"色彩通色号"为"ffffff"。

3. 置入素材图片

执行"文件"→"置入"命令，弹出"置入"对话框。选择预先保存好的素材"素材图片"，单击"置入"按钮将其置入页面中。为了防止底图在后面的编辑过程中被误编辑，我们可以执行"对象"→"锁定"→"所选对象"命令来锁定底图，还可以采用 Ctrl＋2 组合键来锁定所选对象，最后还可以使用 Ctrl＋Alt＋2 组合键来解锁，如图 2-161 所示。

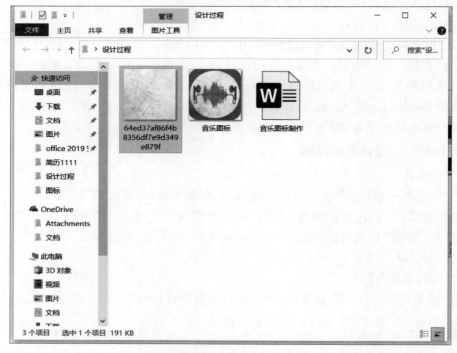

图 2-161    置入素材

**4. 建立剪切蒙版**

选中"矩形"和"素材图片",鼠标右击,在弹出的菜单里选择"建立剪切蒙版"选项,图片就会按照绘制的椭圆形进行裁剪了。

**5. 音乐阶梯**

(1) 执行"工具栏"→"矩形工具"命令,设置"宽度"为"1.08px","间距"为"0.84px","彩通色"为"7d82ef",高度不同的多个矩形长条组成的音乐阶梯,如图 2-162 所示。

(2) 执行"工具栏"→"矩形工具"命令,设置"宽度"为"74.74px","高度"为"1.08px"的"长矩形"。在它左、右两边分别做两个"宽"为"0.68px","高"为"2.4px"和"宽"为"0.68px","高"为"4.11px"的长条,如图 2-163 所示。

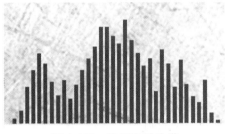

图 2-162　绘制音乐阶梯

图 2-163　绘制两段长条

(3) 执行"工具栏"→"镜像工具"命令,选中图 2-163 中的所有"矩形",按住 Alt 键选择中心点,将图形设置为"水平翻转"并选择"复制",如图 2-164 所示。

**6. 耳机**

耳机的效果图如图 2-165 所示,绘制方法如下。

(1) 执行"工具栏"→"椭圆工具"命令,设置"宽"为"10.52px","高"为"18.01px"的椭圆形"耳机头"。

(2) 执行"工具栏"→"矩形工具"命令,设置"宽"为"2.27px","高"为"6.59px"的矩形耳机"过渡"。

(3) 执行"工具栏"→"椭圆工具"命令,设置"宽"为"4.46px","高"为"4.46px"的椭圆形耳机身。

(4) 执行"工具栏"→"矩形工具"命令,设置"宽"为"4.46px","高"为"30.12px"的矩形耳机身。

图 2-164　水平翻转

图 2-165　耳机效果图

（5）执行"工具栏"→"矩形工具"命令，设置"宽"为"3.39px"，"高"为"0.58px"的矩形耳机身。

（6）执行"工具栏"→"钢笔工具"命令，描绘出耳机线的线路。

（7）按 Ctrl＋E 组合键把它们进行编组。

为耳机设置"高光"，如图 2-166 所示。绘制方法如下。

（1）执行"工具栏"→"椭圆工具"命令，设置"宽"为"6.36px"，"高"为"16.12px"，"颜色"为"959ce8"的椭圆形耳机头高光。

（2）执行"工具栏"→"椭圆工具"命令，设置"宽"为"1.03px"，"高"为"3.17px"，"颜色"为"7d82ef"的椭圆形耳机孔。

（3）执行"工具栏"→"矩形工具"命令，设置"宽"为"1.54px"，"高"为"0.39px"的矩形高光。

（4）把耳机身上的椭圆和矩形缩小，换颜色为"959ce8"为耳机身的高光。

（5）执行"工具栏"→"矩形工具"命令，设置"宽"为"0.69px"，"高"为"0.39px"的矩形耳机身高光。

（6）执行"工具栏"→"钢笔工具"命令，描绘出耳机线的高光线路。

（7）选中"耳机"和"耳机线"按住 Alt 键，分别复制一个，执行"工具栏"→"镜像工具"命令，按住 Alt 键，选择"中心点"并设置垂直翻转，单击"确定"按钮，如图 2-167 所示。

图 2-166　耳机高光

图 2-167　音乐图标制作完成

## 【知识拓展】

### App 功能图标

功能图标的样式有很多，作用也各有不同。在具体设计时要基于不同的应用场景选择不同属性的图标。同时，由于不同图标所表达的意义不同，其样式、复制程度及大小也有所不同。功能图标可以让界面充满设计感，而且通过图形化的设计让用户浏览界面时效果更高。

功能图标的设计原则如下。

1. 预见性

功能图标存在的最大意义是提高用户获取信息的效率，因此功能图标要做到即便是脱离文字，也可以让用户通过图标了解入口的属性。如果制作的图标只是好看而失去了识别性，就有些本末倒置了。一些比较抽象的图标很难让用户一眼就识别清楚。在优化过程中,设计师可以进行相关元素的联想,然后将它处理得尽量贴合表意。当然,针对有些以文字为主的装饰性图标,就不需要这么强的识别性了,但也要贴合文字内容主题去进行设计。

2. 美观性

针对功能图标的制作,在保证识别性的前提下,要尽量做到美观。单个图标的美观呈现除了靠造型与配色,更多地体现在细节处理上。这里讲几个比较重要的细节。如果将一些复杂的图标放在不重要且面积较小的位置,就会很难被识别,也就无法达到美观的效果了;如果将一些太过简单的图标放在主要功能入口,则会显得粗糙。因此,将不同样式的图标放置在合适的位置,才能达到美观的目的。以"大众点评"为例,其主要功能入口的图标稍显复杂,而个人中心页的图标则较为简单,如此既表意明确,又使得界面整体看起来美观,图标整体的一致性如图 2-168 所示。

图 2-168　图标整体的一致性

这里还需要注意的一点是,在设计线性功能图标时,切忌用"反白"的方式。因为这种图标无法"压住"大面积的色块,同时在有底色的背景上放置线性图标,也可能会使图标看起来粗糙。

3. 统一性

在一个产品中、功能图标的数量往往较多,因此图标的统一性就显得尤为重要。统一的图标可以提升产品的品质感,并且同一属性的图标如果保持样式上的统一,可以降低用户认知成本,提升用户的使用效率。在功能图标的设计中,要先保证同一属性的图标从风格、视觉大小、粗细端点、圆角、复杂程度及特殊元素上实现统一。风格上的统一很好理解,因此不做过多描述。对于视觉大小的统一而言,人的视觉是有误差的,因此有时完全保证两个图标的统一,在视觉上却并不一定协调。图 2-169 所示为两个高度相等的图形,我们看上去却会明显感觉到左边的"正方形"要大一些,而右边的"圆形"要小一些。基于以上分析,在进行系

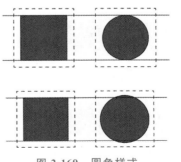

图 2-169　圆角样式

列图标设计时，可以考虑将"矩形"稍微调小一些，或者将"圆形"稍微调小些，使两者在视觉上看起来大小统一。如图2-169所示的下半部分。

粗细统一、端点统一和圆角统一是细节上要留意的点，基本上没有难度。例如，针对同表意目的的两个线性图标，如果一个图标的"描边"粗细是"1pt"，那么另外一个也要保持"1pt"才行。端点统一与圆角统一也是同理，针对同一表意目的的两个线性图标，如果一个图标的端点采用了圆角样式，那么另外一个也需要采用圆角样式。不仅限于同一属性的图标，针对单个图标的设计，其粗细、端点和圆角样式也要保持统一。

# 项目三

# 字体设计——文字类图形创意

 **项目导读**

　　字体设计的主要目标就是要对文字的形象进行符合设计对象特性要求的艺术处理,以增强文字的传播效果。因此,字体设计能力是图文信息处理的核心能力之一。本项目学习和掌握字体设计的基本知识和技能,并通过项目的训练来培养学生标准字体设计和应用的技能,为其学习后续项目打下良好基础。

　　印刷体是字体设计的基础,而字体设计则是印刷体的发展,它们构成了字体设计的主要内容。印刷体如图 3-1 所示,字体设计如图 3-2 所示。

创艺简宋体

**文鼎粗魏碑**

华文细黑

图 3-1　印刷体

图 3-2　字体设计

　　汉字的基本印刷字体发源于楷体,成熟于宋体,繁衍出仿宋、黑体及现代的多种字体。我国印刷行业曾长期从日本购入宋体和黑体字模,日本则引进了中国的仿宋体和楷体活字,这种交流使两国印刷字体至今仍保持相近的风貌。

## 一、基本印刷字体

　　就目前来说,常用的基本印刷字体大致有以下四种。

　　1. 宋体

　　宋体的特点是横细,竖粗,点如瓜子,撇如刀,捺如扫。它在起笔、收笔和笔画转折处吸收楷体的用笔特点,形成修饰性"衬线"的笔形,图 3-3 所示为几种不同的宋体字。

　　2. 黑体

　　黑体又称方体,横竖等粗,笔画方正。粗细一致,醒目、粗壮的笔画,具有强烈的视觉冲击力。黑体是受西方无衬线体的影响,于 20 世纪初诞生的印刷体,图 3-4 所示的是几种不同的黑体字。

图 3-3    几种不同的宋体字

图 3-4    几种不同的黑体字

**3. 仿宋体**

虽然与老宋体有些相似,但横竖笔画几乎一致,笔画两端有毛笔起落的笔迹,竖画直而横略向右上方上翘 3°,图 3-5 所示的是几种不同的仿宋体字。

**4. 楷体**

印刷楷体是传统的楷书在印刷字体中的延续,它笔迹有力,粗细适中,字划清楚,易读性很高,图 3-6 所示的是华文楷体字。

图 3-5    两种不同的仿宋字

图 3-6    华文楷体字

"标准字体"设计是企业形象识别系统中基本要素之一,其应用广泛,常与"标志"联系在一起,具有明确的说明性,可直接将企业或产品传达给观众,与视觉听觉同步传递信息,强化企业形象与品牌的诉求力,其设计的重要性与标志具有同等重要性。经过精心设计的标准字体与普通印刷字体的差异性在于,除了外观造型不同外,更重要的是它是根据企业或品牌的个性而设计的,对策划的形态、粗细、字间的连接与配置,统一的造型等,都做了细致严谨的规划,与普通字体相比更美观,更具特色。

当企业、公司、品牌确定后,在着手进行标准字体的设计之前,应先进行调查工作,调查要点包括:是否符合行业、产品的形象;是否具有创新的风格、独特的形象;是否能为商品购买者所喜好;是否能表现企业的发展与值得依赖感。

## 二、字体设计的方法

### (一)笔画性变化

抽象的"点""横""竖""撇""捺"是构成笔画最必需的元素,而笔画又是构成字体的最基本单位。因此,字体设计首先从笔画开始,图 3-7 所示的即为字体的构成元素。

**1. 笔画变异**

对笔画的形态做一定的变异,这种变异是在基本字体的基础上对笔画进行改变,图 3-8 所示的是在综艺体基础上的笔画变异,图 3-9 所示的是在老宋体基础上的笔画变异。

图 3-7    字体的构成元素

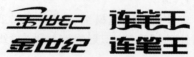

图 3-8    综艺体基础上的笔画变异

图 3-10 所示的是运用统一的零星元素进行笔画变异。

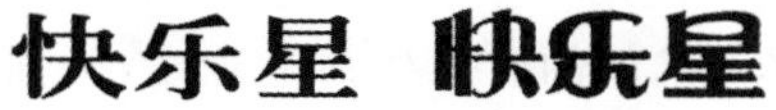

图 3-9　老宋体基础上的笔画变异

图 3-10　运用统一的零星元素进行笔画变异

（1）在统一形态元素中加入另类不同的形态元素，如图 3-11 所示。

（2）拉长或缩短字体的笔画，如图 3-12 所示。

图 3-11　在统一形态中加入另类元素

图 3-12　拉长或缩短笔画

### 2. 笔画共用

笔画共用是文字图形化创意设计中广泛运用的形式。文字是一种视觉图形，它的线条有着强烈的构成性，可以从单纯的构成角度来看笔画之间的异同。寻找笔画之间的内在联系，找到他们可以共同利用的条件，把它提取出来合并为一，图 3-13 所示为笔画共用。

既然文字是线条的特殊构成形式，是一种视觉图形。那么，在进行设计时可以从纯粹的构成角度，从抽象的线性视点来理性地看待这些笔画的同异，分析笔画之间的内在联系，寻找它们可以共同利用的条件。例如，可以借用笔画与笔画之间，中文字与拉丁字之间存在的共性而巧妙地加以组合。

### 3. 替换法

替换法是在统一形态的文字元素加入另类不同的图形元素或文字元素。其本质是根据文字的内容意思，用某一形象替代字体的某个部分或某一笔画，这些形象或写实或夸张。将文字的局部替换，使文字的内涵外露，在形象和感官上都增加了一定的艺术感染力，如图 3-14 所示。

图 3-13　笔画共用

图 3-14　替换法效果

#### 4. 分解重构法

分解重构法是将熟悉的文字或图形打散后,通过不同的角度审视并重新组合处理,主要目的是破坏其基本规律并寻求新的设计生命。总之,平面图形设计的目的是人与人的交流,作为设计者,学习运用符号学工具,会使设计更加有效。在平面设计如此繁杂的今天,把文字图形化运用到设计中,才能使作品具有强烈的视觉冲击力,更便于公众对设计者作品主题的认识、理解与记忆,如图 3-15 所示。

图 3-15　分解重构后效果

#### 5. 其他方法

(1)断肢法:把一些封合包围的字,适当的断开一"口"出来 ,或把左边断一截,或右边去一截。

(2)上下错落法:把左右改为左上左下,上下排,或斜排就是一边高一边低,让文字错落有致。

(3)圆角法:把所有字的最左或最右横或竖或点全卷起来,像浪花一样。一般是找到一个点或线后转曲,用最下面或最左边或最右边的两个点向一边拉,以加节点的方法拉成一个圈,然后把它转成"倒圆角"后,留着最后面的两点,慢慢删除中间的节点。

(4)横细竖粗法:选定字体后,把"横"减细,"竖"加粗。类似传统"宋体"字,"横"细,"竖"粗,"撇"如刀。

(5)上下拉长法:把字变细,然后上下拉长,类似条形码的形状。

(6)结构转变法:可以说是代替法的一种,把"竖线"或"横线"或"折线"换成其他笔画。

(7)几何廓形法:先画一个几何图形,方形或矩形或星形,然后把字放进去,按照几何图形路线制作字体。

(8)局部细化法:算是拉长法的一种,找到图标中的一个点或线作为重点把它拉长,使得处理好的字体再加一笔,更是画龙点睛之作。

#### (二)具象性变化

根据文字的内容意思,用具体的形象替代字体的某个部分或某一笔画,这些形象可以是写实的或夸张的,但是一定要注意到文字的识别性。

(1)直接表现:运用具体的形象直接地表达出文字的含义,如图 3-16 所示。

(2)间接表现:借用相关的符号、形象间接地隐喻出文字的内涵,如图 3-17 所示。

图 3-16　直接表现

图 3-17　间接表现

### （三）装饰性变化

在文字笔画之外添加图形，或者将笔画延伸并与图形接续，或在笔画的实空间里填充图形，这都是一种装饰性字体设计的方法。由于添加的图形没有使文字的原形改变，也不影响文字的阅读，反而会因为这些装饰而丰富了文字的内涵。因为可以通过添加的图形，渲染和烘托文字的形态，直接的或间接地让人们更好地理解文字内容。

"冰消石头沉，云散太阳出"的文字装饰性变化如图 3-18 所示。

图 3-18　装饰性变化

## 三、标准字体设计

### 1. 书法标准字体

书法是我国具有三千多年历史的汉字表现艺术的主要形式，既有艺术性，又有实用性。目前，我国一些企业主要用政坛要人、社会名流及书法家的题字作为企业名称或品牌标准字体，比如：中国国际航空公司、天津现代职业技术学院等，如图 3-19、图 3-20 所示。

图 3-19　"中国国际航空公司"的字体

图 3-20　"天津现代职业技术学院"的字体

有些设计师尝试设计书法字体作为品牌名称，有特定的视觉效果，活泼、新颖、画面富有变化。但是，书法字体也会给视觉系统设计带来一定困难。首先是与商标图案相配的协调性问题，其次是是否便于迅速识别。

书法字体设计，是相对标准印刷字体而言的，可分为两种，一种是针对"名人题字"进行调整编排，如中国银行、中国农业银行的标准字体。另一种是设计书法体或者说是装饰性的书法体，是为了突出视觉个性，特意描绘的字体，这种字体是以书法技巧为基础而设计的，介于书法和描绘之间。

### 2. 装饰标准字体

装饰字体在视觉识别系统中，具有美观大方，便于阅读和识别，应用范围广等优点。"海尔""科龙"的中文标准字体即属于这类装饰字体设计。

装饰字体是在基本字形的基础进行装饰、变化加工而成的。它的特征是在一定程度上摆脱了印刷字体的字形和笔画的约束，根据品牌或企业经营性质的需要进行设计，达到加强文字的精神含义和富于感染力的目的。装饰字体表达的含义丰富多彩，如：细线构成的字体，容易使人联想到香水、化妆品之类的产品，圆厚柔滑的字体，常用于表现食品、饮料、洗涤用品等；而浑厚粗实的字体则常用于表现企业的实力强劲；而有棱角的字体，则易展示企业个性等。

总之，装饰字体设计离不开产品属性和企业经营性质，所有的设计手段都必须为企业形象的核心标志服务。它运用夸张、明暗、增减笔画、装饰等手法，以丰富的想象力，重新构成字形，既加强了文字的特征，又丰富了标准字体的内涵。同时，在设计过程中，不仅要求单个字形美观，还要求整体风格和谐统一、理念和内涵易读，便于信息传播。

　　装饰字体在视觉识别系统中具有美观大方、便于阅读和识别、应用范围广等优点。装饰字体是在基本字形的基础进行装饰、变化加工而成的。它的特征是在一定程度上摆脱了印刷字体的字形和笔画的约束，根据品牌或企业经营性质的需要进行设计，达到加强文字的精神含义和富于感染力的目的。装饰字体表达的含义丰富多彩。如：细线构成的字体，容易使人联想到香水、化妆品之类的产品，圆厚柔滑的字体，常用于表现食品、饮料、洗涤用品等；而浑厚粗实的字体则常用于表现企业的实力强劲；而有棱角的字体，则易展示企业个性等。

　　3. 英文标准字体

　　企业名称和品牌标准字体的设计一般均采用中英两种文字，以便同国际接轨，参与国际市场竞争。英文字体（包括汉语拼音）的设计与中文汉字的设计一样，也可分为两种基本字体，即书法体和装饰体。书法体的设计虽然很有个性、很美观，但识别性差，不常用于标准字体，常用于人名，或非常简短的商品名称。装饰字体设计的应用范围非常广泛。从设计的角度看，英文字体根据其形态特征和设计表现手法，大致可以分为四类：一是等线体，字形的特点几乎都是由相等的线条构成；二是书法体，字形的特点活泼自由、显示风格个性；三是装饰体，对各种字体进行装饰设计，变化加工，达到引人注目、富于感染力的艺术效果；四是光学体，是运用摄影特技和印刷用网绞技术原理设计而成。

图 3-21　英文标准字体设计

　　图 3-21 所示为英文标准字体的设计。

　　**项目学习目标**

　　1. 素质目标

　　掌握字体元素的选用、设计及创意方法，能尽量恰当并灵活多样地应用于不同类别的设计中去，提高对文本设计元素的观察力和灵敏度，为广告、装潢设计等综合项目服务。

　　2. 知识目标

　　（1）掌握字体设计的基本法则。

　　（2）掌握汉字设计的创意方法。

　　（3）掌握字体设计的形式美法则。

　　3. 能力目标

　　（1）掌握字体选择及应用的基本能力。

　　（2）掌握字体设计的手绘方法。

　　（3）掌握汉字基本设计原则。

　　（4）提高字体的创意和应用能力。

　　**项目实施说明**

　　本项目需要的硬件资源有计算机、联网手机；软件资源有 Windows 7（或者 Windows 10）操作系统、Illustrator CC 2018 及以上版本、百度网盘 App。

# 任务一　"青春不散场"字体设计

## 一、任务描述

通过本次任务,使学生能够根据设计要求、文字的含义进行相关的创作与设计制作。利用"笔画借用""局部变形"等方式进行字体设计。

## 二、学习目标

(1) 能够掌握 Illustrator 内"字体工具"的使用方法。
(2) 能够掌握文字创意设计的创作技巧。

素材.rar

## 三、任务实施

**1. 新建文件**

新建一个名为"青春不散场"的大小为 210mm×297mm 的文件,"画板"数量为"1","出血"的上、下、左、右各为"3mm",详细参数如图 3-22 所示。

**2. 制作字体**

使用"直排文字工具" IT 输入文字"青春不散场"。使用"钢笔工具" ✐ 对文字轮廓进行绘制,每做一次复制一遍出来留一个底稿。执行"对象"→"路径"→"轮廓化描边"命令,设置"颜色"为"紫色",效果如图 3-23 所示。

使用"直接选择工具" ▶、"钢笔工具" ✐ 和"直线段工具" ╱ 对文字进行"弯曲"调整和"线段"重新绘制,并删除部分笔画,效果如图 3-24 所示。

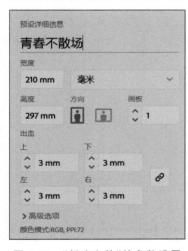

图 3-22　"新建文件"的参数设置

图 3-23　轮廓化描边

图 3-24　效果图(1)

使用"文字工具" T 输入"FEIYANG"("飞扬"的拼音),"填色"设置为"无",描边颜色改为"浅紫色","字符旋转↻"设置为"−90°"。选中"FEIYANG"并执行"右击"→"创建轮廓"命令,使用"直接选择工具" ▶ 对文字进行调整并放置到合适的位置。再复制一个,调整合适的大小和位置,效果如图 3-25 所示。

将其字体颜色改更为浅红色,效果如图 3-26 所示。

使用"矩形工具" ▥ 绘制一个矩形,"填色"设置置为"无",描边颜色设为"浅紫色"。使用"剪刀工具" ✂ 在矩形中如图 3-27 所示两处位置剪,选中"剪"下来的这条"线段"按 Delete 键删除,效果如图 3-27 所示。

图 3-25  效果图(2)　　　图 3-26  更改字体颜色后效果　　　图 3-27  绘制边框

3. 绘制底图

将绘制好的艺术字全选中,使用 Ctrl+C 及 Ctrl+V 组合键,将它们复制到 PS 里,并调整大小和位置,效果如图 3-28 所示。

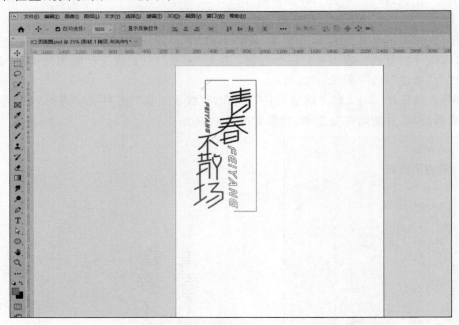

图 3-28  复制到 PS 里

使用"文字工具" T 输入其他文字,为其设置合适的字体并将其放置到合适的位置,效果如图 3-29 所示。

执行"文件"→"置入"命令,置入图片素材。使用"矩形选框工具" ⬚ 框住图片素材中需要的部分,然后执行"选择"→"反选"命令,按 Delete 键删除多余部分,效果如图 3-30 所示。

图 3-29　效果图（3）

图 3-30　置入图片素材

**4. 最终效果**

最终效果如图 3-31 所示。

图 3-31　最终效果

青春不散场

## 四、任务拓展　"谷雨"的字体设计

**1. 新建文件**

新建一个名为"谷雨"的 100mm×100mm 的文件，"画板"数量为"1"，"出血"的上、下、左、右各为"0mm"，详细参数如图 3-32 所示。

**2. 制作字体**

使用"矩形工具" 绘制两个"框"，以便进行字体设计时保证字体的大小。"填色"设置为"无"，"描边"的"粗细"为"2pt"，将"不透明度"设置为"40％"，效果如图 3-33 所示。

使用"直线段工具" ╱ 绘制一条直线段,将其"描边"改为"圆头端点和圆角连接",详细参数如图3-34所示。

使用"直接选择工具" ▶ 调整线段的角度,按住Alt键并拖动以复制一个线段;使用"直接选择工具" ▶ 将线段拉长;同时选中两条线段,执行"变换"→"镜像"命令,选择"水平翻转",单击"复制"按钮,将线段微调一下,效果如图3-35所示。

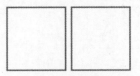

图3-33　绘制框架

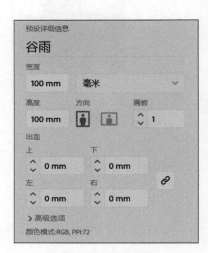

图3-32　新建文件

图3-34　"描边"设置

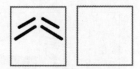

图3-35　效果图(1)

使用"椭圆工具" ⬤ ,按住Alt+Shift组合键绘制一个正圆当作"口"字部分,效果如图3-36所示。

使用"直线段工具" ╱ 并按住Shift键绘制一条直横线和直竖线;按住Alt+Shift组合键复制刚才绘制的圆形并放大。使用"直接选择工具" ▶ ,单击圆形下方的锚点并删除,如图3-37所示。使用"选择工具" ▷ 将半圆拉长,效果如图3-38所示。

图3-36　"谷"字效果图

图3-37　删除锚点

图3-38　效果图(2)

使用"直线段工具" ╱ 绘制"雨丝"。先绘制一个,再按住Alt键并拖动复制三个,且使其角度保持一致,最后调整其长短和位置,效果如图3-39所示。同时选中"谷雨"这两个字,将字体颜色改为白色。

**3. 制作背景**

用PS打开底图,将"谷雨"二字选中,使用Ctrl+C和Ctrl+V组合键将其复制到PS里,调整大小和位置,效果如图3-40所示。

选中"谷雨"二字,添加一个"外发光"效果,详细参数如图3-41、图3-42所示。

图 3-39　效果图（3）　　　　图 3-40　效果图（4）　　　　图 3-41　"外发光"效果的位置

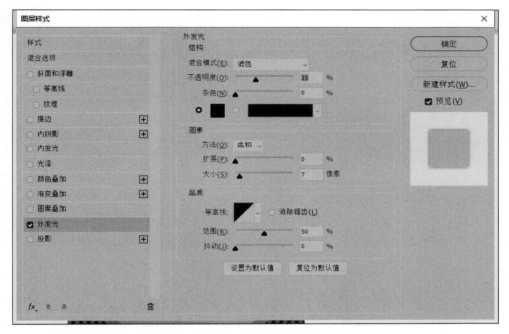

图 3-42　详细参数设置

**4. 最终效果**

最后再置入"印章"图标，最终效果如图 3-43 所示。

图 3-43　最终效果图　　　　　　　　　谷雨字体设计. mp4

## 任务二　"弘燃仙"标准字体设计

### 一、任务描述

弘然仙智慧农业公司是一家种植绿色农作物的农业公司。其产品卖点为农作物全程可控,安全放心。其标准字体需要体现产品的绿色健康,又要体现智慧农业的国际化标准。

### 二、学习目标

(1)掌握文字创意设计的创作技巧。
(2)掌握字形编辑的基本技巧。

素材.rar

### 三、任务实施

#### 1. 新建文件

新建一个名为"弘然仙"的 100mm×100mm 的文件,"画板"数量为"1","出血"的上、下、左、右各为"0mm",详细参数如图 3-44 所示。

图 3-44　"新建文件"的参数设置

#### 2. 制作文字

我们用毛笔手写体和接近于印刷的幼圆体分别输出"弘然仙",效果如图 3-45 所示。

分别按住 Alt 键拖动并复制一个到下方,更改字体的"不透明度"为"30％",按 Ctrl＋2 组合键将其锁定。使用"钢笔工具" ✐ 对文字的笔画进行勾勒,效果如图 3-46 所示。通过对比,我们发现"毛笔手写体"的文字在勾勒后再对文字修改的难度较大,没有什么修改空间而且不好看,所以我们选择采用右边的字体样式来进行字体设计。

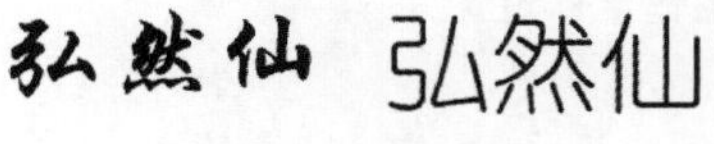

图 3-45　效果图(1) 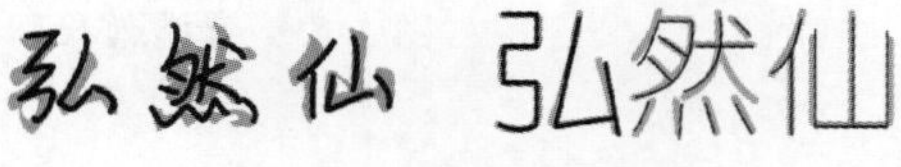　　　　　　　　　图 3-46　勾勒文字

选中勾勒好的文字,按住 Alt 键并拖动复制一个到下方。现在的文字太过于平直,我们执行"效果"→"风格化"→"圆角"命令,将半径调整为"3mm",效果如图 3-47 所示。

选中勾勒好的文字,按住 Alt 键并拖动复制一个到下方。选中文字,执行"对象"→"扩展外观"命令。分别使用"钢笔工具"✎、"画笔工具"✐、"直接选择工具"▶ 和"锚点工具"↖ 对文字进行修改,再将"描边"改为"圆头端点"⌐,设计思路如图 3-48 所示,效果如图 3-49 所示。

图 3-47　风格化圆角

图 3-48　设计思路图

图 3-49　效果图(2)

选中勾勒好的文字,按住 Alt 键并拖动复制一个到下方。为了使文字更加通透,我们使用"剪刀工具"✂ 将文字的笔画部分"剪开",如图 3-50 所示。

将文字的各个笔画部分更改为红色和蓝色(可使用 Color Hunt 来找到自己想要的颜色),效果如图 3-51 所示。

使用"文字工具"T、"矩形工具"▢ 和"直线段工具"╱ 将其他部分绘制完成,效果如图 3-52 所示。

图 3-50　将笔画部分剪开

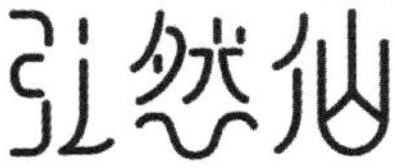

图 3-51　颜色更改后的效果

图 3-52　剩余部分文字绘制后的效果

### 3. 最终效果

最终效果如图 3-53～图 3-55 所示。

图 3-53　印在杯子上的效果图

图 3-54　印在纸袋上的效果图

图 3-55　印在布袋上的效果图

## 四、任务拓展

### 任务拓展一　"初心"的字体设计

#### 1. 新建文件

新建一个名为"初心"的 100mm×100mm 的文件,"画板"数量为"1","出血"的上、下、左、右各为"0mm",详细参数如图 3-56 所示。

弘然仙字体
设计.mp4

图 3-56 "新建文件"的参数设置

**2. 制作字体**

在文件中输入"初心"；使用"钢笔工具" ✐ 给这两个字描个边；选中钢笔描边的图形字，执行"效果"→"风格化"→"圆角"命令，效果如图 3-57 所示。

将"初心"二字中的点都换成爱心的形状；将"心"字两边的"斜线"删除；使用"直接选择工具" ▶ 将中间的竖线弯曲，并拉长弯曲后延长的部分；使用"直线段工具" ╱ 绘制"阴影"效果，最终效果如图 3-58 所示。

使用"直接选择工具" ▶、"钢笔工具" ✐ 和"直线段工具" ╱ 对文字进行弯曲调整和线段重新绘制，效果如图 3-59 所示。

图 3-57 使用"钢笔工具"
描边后的效果

图 3-58 艺术效果图

图 3-59 对文字进行弯曲调整
和线段重绘的效果图

**3. 制作背景**

用 PS 打开底图，选中"初心"二字，使用 Ctrl＋C 和 Ctrl＋V 组合键，将其复制到 PS 里，并调整大小和位置，效果如图 3-60 所示。

选中"初心"二字，添加一个"外发光"效果，详细参数如图 3-61、图 3-62 所示。

图 3-60 置入底图

图 3-61 效果位置

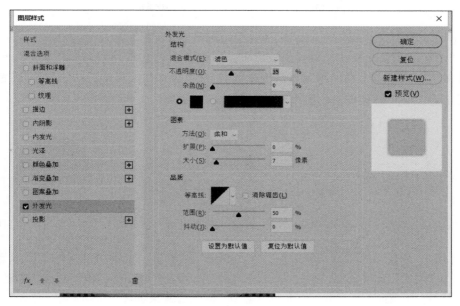

图 3-62 详细参数设置

**4. 最终效果**

最终效果如图 3-63 所示。

图 3-63 最终效果图

初心字体设计.mp4

### 任务拓展二 618 促销字体设计

**1. 新建文件**

新建一个名为"618 促销字体设计"的 210mm ×
285mm 的文件,"画板"数量为"1","出血"的上、下、左、
右各为"3mm",详细参数如图 3-64 所示。

**2. 制作字体**

使用"椭圆工具" ⬤ 并按住 Shift 键绘制一个"正
圆",再用"直线段工具" ／ 并按住 Shift 键绘制一条直
线。同时选中这两个图形,做一个水平、垂直、居中对
齐。选中直线段,双击"旋转工具" ↻ 并输入"30°",然后
单击"复制"按钮。按 Ctrl+D 组合键多次复制,效果如
图 3-65 所示。

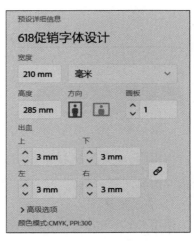

图 3-64 "新建文件"的参数设置

将图 3-65 中的图形同时选中,执行"窗口"→"路径查找器"→"分割" ▣ 命令,效果如图 3-66 所示。

按住 Alt 键拖动并复制一个到旁边备用。全选图 3-66 中的内容,执行"窗口"→"色板"命令,并单击"色板"右上角的菜单 ☰,再执行"打开色板库"→"科学"→"三色组合"命令,使用"实时上色工具" ▣ 色板里的颜色对其上色,取消"描边",效果如图 3-67 所示。

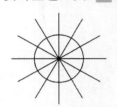

图 3-65　多次复制直线段　　图 3-66　执行"分割"命令后效果　　图 3-67　"实时上色工具"使用后的效果

将其缩小,按住 Alt 键拖动并复制一个到旁边,再复制一个备用。将两个图形选中,执行"对象"→"混合"→"混合选项"命令,设置"指定的步数"为"1000 步",单击"确定"按钮。将两个图形选中,按 Ctrl+Alt+B 组合键建立"混合",效果如图 3-68 所示。按住 Alt 键并拖动复制一个到旁边备用。

使用"圆角矩形工具" ▣ ,按住方向上键将圆角达到最大,绘制一个"圆角矩形",设置填充色为"无"。使用"剪刀工具" ✂ "剪去"需要剪去的部分,再使用"直接选择工具" ▶ 和"锚点工具" ▷ 对其进行修改。按 Ctrl+J 组合键将断开的部分"连接"(注意只能连接两个开放的锚点即端点)。可以执行"视图"→"轮廓"命令来查看图形的线条。将图 3-68 中的图形更改大小并同时选中它和刚刚绘制的字体,执行"对象"→"混合"→"替换混合轴"命令后的效果如图 3-69 所示。

按 Ctrl+R 组合键打开"参考线",从画面上方拖曳出两条"水平参考线",效果如图 3-70 所示。辅助绘制图形"1"。将"1"和图 3-69 中的图形同时选中并建立"混合轴"。

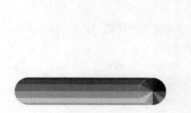

图 3-68　建立"混合"　　图 3-69　替换"混合轴"　　图 3-70　拖曳出两条参考线的效果

使用"椭圆工具" ▣ 并按住 Shift 键绘制两个正圆,并放大下面的正圆,使用如上所示的步骤编辑图形和替换"混合轴",效果如图 3-71 所示。

**3. 置入背景**

使用 Ctrl+Shift+P 组合键置入背景图并调整大小至"出血"位置处,使用 Ctrl+Shift+[ 组合键将其置于底层,并按 Ctrl+2 组合键进行锁定,然后调整一下文字的位置,效果如

图 3-72 置入背景

图 3-71 "8"完成后的效果图

图 3-72 所示。

　　使用刚刚复制到旁边备用的"彩色小圆形"给图片做点缀,效果如图 3-73 所示。

　　**4. 最终效果**

　　最终效果如图 3-74 所示。

图 3-73 效果图

图 3-74 最终效果图

618 字体设计.mp4

# 项目四

## 宣传单的设计制作——图形创意在DM单中的应用

**项目导读**

宣传单又称 DM（direce mail advertising）单，以 157g 的铜版纸最为常见，A4 单张纸大小，有其他需求的可以特别定制设计。因其版式大小有限制，所以在设计的时候应该根据产品用途、用户反馈等战略性地进行设计，避免浪费。同时，制作宣传单也是企业与企业、设计师与客户等目标群体沟通交流的工具。有规划，其设计才能达到理想的效果，所以在设计的同时我们也应当站在客户、阅读者的角度考虑，分析画面是否让人感到舒服，阅读是否流畅，内容是否有吸引力。宣传单设计一般分为以下几个步骤。

（1）当接到一份设计需求时，我们需要先对作品进行适当的拆分。该如何规划版式结构，在设计时应该有个大概规划，如图 4-1 所示。

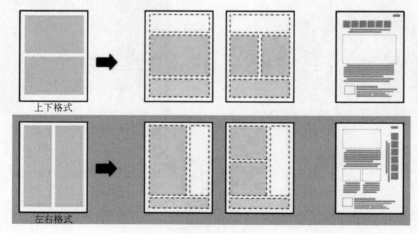

上下格式

左右格式

图 4-1　版式划分

（2）然后要根据元素对作品的版式进行适当排序，下面的几种版式都是站在阅读者如何能更顺畅快速地了解信息的角度考虑的。如果只注重形式的美观而忽略了可阅读性，也算不上是成功的设计，如图 4-2 所示。

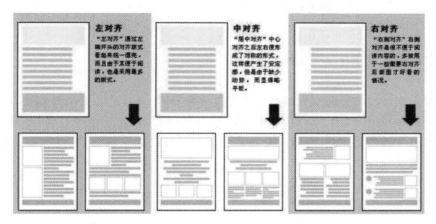

图 4-2　"对齐"排序规划

（3）可以根据需要给作品加上适当的视觉诱导，如图 4-3 所示。

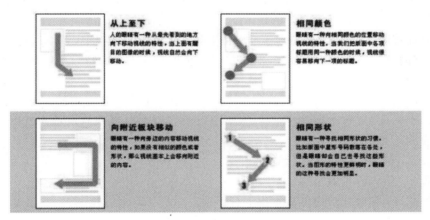

图 4-3　"视觉"规划

（4）对版面的平衡性作简单的分析。在版面设计时，最重要的就是如何使版面达到平衡，这是关于文字与图画以及留白之间关系的问题。只有处理好了，整体效果才达到统一，如图 4-4 所示。

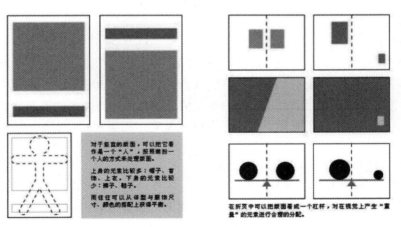

图 4-4　版面的"平衡"效果

版面视觉冲击力伴随着对反差、体积、亮度、运动而产生，视觉冲击力是最直观最能给读者留下深刻印象的，也是在宣传单设计中的重点。

宣传单的版式设计有以下几种类型。

**1. 对称型版式**

对称型版式是指将版面划分成上下或左右两部分，并分别配以图片和文字，使整个版面产生安定、稳固的视觉效果。对称给人平衡、和谐的感受，而这又能与优美、庄重联系在一起，是一种"力"的均衡。对称型版式是日常生活中常见的版式类型，又使版面具有整体性、协调性与完美性等特点。

（1）平衡：对称的最大特点就是平衡稳定。

（2）对比：表达出事物的不同之处。

（3）中心：产生叠加效果，进一步强调宣传主题的中心思想。

（4）趣味：不稳定的对称更具趣味和张力。

（5）上下：版式更有层次和内涵。

（6）左右：给人一种平等和谐的氛围。

由于对称型版式过于稳定，缺少变化，所以在设计版面的过程中，可以通过炫酷或可爱的图形、丰富的色彩来达到动感的视觉效果，但要根据受众人群的特点来选择版式。

**2. 中轴型版式**

中轴型版式是指主题元素在版面的水平线或垂直线的中轴进行排列。由于主题元素出现在版面的中轴位置，其重要性显而易见，整个版面能给人以强烈的视觉冲击力，并且主题表达也比较明确突出。

（1）水平：给人一种稳重的感觉。

（2）垂直：给人一种紧迫感。

（3）严肃：中轴版式恰好能展示出一种严肃。

（4）空间：中轴可以增强空间和愉悦感。

（5）突出：将主题元素与其他元素结合放在版面的中轴线上，绝对突出主题。

（6）层次：将主题元素与其他元素"垂直"放在版面的中轴线上，可使版面层次丰富。中轴版式设计具有很强的视觉冲击力，能够直截了当地向观者传达相关信息。但不管是人物形象、文字信息还是产品图片，要想使其有很强的吸引力，不仅要注意三者之间的适当搭配，还要注意版面色彩及氛围的营造。

**3. 骨骼型版式**

骨骼型版式是指版面中各元素的摆放成"骨架"的形状。骨骼型版式是一种比较规范的非常理性化的版面分割方法，有竖向的通栏、双栏、三栏、四栏和横向的通栏等，一般来说以竖向分栏为主。在版式设计中可以根据内容与信息量及图片与文字的搭配比例来进行骨骼版式的编排。骨骼型版式在图片和文字的排列方面的比例很严格，能给人和谐、严谨、稳定的阅读美感。

（1）横向：使版面稳重大方，排版风格统一。

（2）斜向：使版面显得动感和轻松。

（3）竖向：具有秩序感和严谨性，给人一种和谐的感官体验。

（4）序列：让人感觉整齐、整洁，并且易读。

（5）打破：视觉效果丰富独特，充满张力。

（6）活泼：打破骨骼版式的秩序感。骨骼型版式的应用在书籍装帧和网页设计中很普遍。根据其内容设定，充满序列感的骨骼版式能够简便又快捷地处理好文字与图片的关系。但如果部分图片或文字敢于"打破"这种骨骼型版式，版面就会变得灵活生动。

4.整版型版式

整版型版式一般用于商品广告的宣传中，图片占据整个版面，是版面信息传达的最主要元素。整版的版面形式在信息传达时更直观明确、层次清晰，给人一目了然的视觉感受。

（1）直观：一目了然的图片与主题文字的配合，醒目直观，宣传性强。

（2）形式：整版主要以图像为诉求对象，图像的形式感尤为重要，角度、构成形式和色彩都是其关键因素。

（3）趣味：在整个版面里做一些手法上的处理可使版面更具趣味性。

（4）统一：统一的色调给人一种干净、和谐感受。

（5）品牌：整版的版面形式是很多国际大牌常用的产品广告宣传手法，给人高端大气的感觉，体现出时尚与品位。

（6）舒展：整版型版式为了让人一目了然，多用传达信息迅速的图片或图形占据画面，给人舒展、大方的感觉。

读者对版式的注意是一种选择性注意，只有处理好炫彩夺目的图片和文字信息的搭配关系，将丰富的内容与生动的编排形式完美结合，才能发挥其各自的功能，展现强烈的视觉效果，吸引读者的目光，起到宣传的目的。

5.指示型版式

指示型版式是指将"设计语言"按照指示进行安排的一种编排方式。一般将图形或文字元素按一定的动势进行排列，如以箭头、线条、色彩、图形等作为形态诱导，将人们的视线引导到整个版面的核心区域，以达到宣传的目的。

（1）动势：通过动势的指示指向某品牌。

（2）视线：指示人们的视线跟随设计师最终要宣传的产品上。

（3）诱导：将人们的视线引向某一重要信息上去。

（4）夸张：传达幽默。

（5）目标：步步为营，指示目标，达到宣传的目的。

（6）标注：直接对版面的重点做强调。

（7）在设计版面的过程中，人的视线方向、手的指示、人物动态、箭头、线条、线框、会话、图形等以及各种特殊图形都可以作为版面的指示元素。指示的版式对于主题思想的传达是行之有效的方法。

6.重心型版式

重心型版式是指将主题元素作为版面的中心或焦点，其他元素作为辅助围绕在主体元素的周围。重心型版式易产生视觉焦点，使主题更加突出，更有利于向人们传达所要宣传的产品信息。在版式设计过程中，可以用图片和文字的形式进行直观表达，也可以间接表达主题思想。

（1）焦点：通过发散性的图形形成版面的背景，来突出版面的重心，展现出具有空间感与立体感的画面。

（2）正负：正负形的设计语言组合而成，构思巧妙、表达直观。

（3）反差：反差效果就是引起人们的好奇心。

　　(4)色彩:色彩的冷暖对比互补,使得版面视觉效果强烈而不张扬。

　　(5)主体:构成版面的主体元素就是版面所要表达的重心,这种版面整洁干净。

　　(6)含蓄:通过图形元素的组合设计,能间接含蓄地表达主题思想,会给人一种悬念,进而豁然开朗的感受。

　　重心型版式的版面比较简洁,将主题元素作为版面的中心或焦点进行展示,其中心明确、主题突出,有利于向人们传达所要宣传的产品信息。为了突出中心可以舍弃一些不必要的元素,也可以将主体元素放大,次要元素缩小,加强对比,但要保持版式总体的和谐统一。

 **项目学习目标**

　　**1.素质目标**

　　本项目旨在训练学生能够根据宣传单内容及风格要求,选择合适的配色,利用一定的字体设计形式与版式设计形式完成常见种类的宣传单设计。

　　**2.知识目标**

　　(1)掌握不透明蒙版的使用。

　　(2)了解版式的种类。

　　(3)了解配色网站的使用方法。

　　(4)掌握图形创意联想的方式。

　　**3.能力目标**

　　(1)能够根据项目需求,选择合适版式进行宣传单的设计。

　　(2)能够根据印刷相关要求正确设置尺寸等参数。

 **项目实施说明**

　　本项目需要的硬件资源有计算机、联网手机;软件资源有 Windows 7(或者 Windows 10)操作系统、Illustrator CC 2018 及以上版本、百度网盘 App。

# 任务一　酸奶宣传单页

## 一、任务描述

　　某酸奶产品为了进行宣传需要设计一张宣传单页,其配色要求清新、亲切、自然。该产品宣传口号是"小时候的味道",以此唤起人们小时候对酸奶的回忆。

## 二、学习目标

　　(1)针对特定宣传口号设计宣传单的主标题。

　　(2)根据提供的素材设计宣传单的风格。

　　(3)利用配色网站完成宣传单的配色工作。

素材.rar

## 三、任务实施

　　**1.新建文件**

　　新建一个名为"酸奶"的 210mm×297mm 的文件,"画板"数量为"1","出血"的上、下、左、右各为"3mm"，详细参数如图 4-5 所示。

2．绘制底图

使用"矩形工具" ，在画面中双击，将出血的上、下、左、右分别设置为 3mm。打开 Color Hunt 网站，在网页中找到自己想要的颜色，复制颜色左下角的色号，如图 4-6 所示。

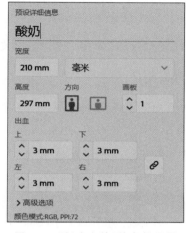

图 4-5　"新建文件"的参数设置

图 4-6　打开某一个配色方案

在 Ai 中打开"拾色器"，复制到图 4-7 所示中的位置，底色就绘制好了，按 Ctrl＋2 组合键将其锁定。

执行"文件"→"置入"命令，置入酸奶素材，调整大小到出血位置。再依次置入其他素材并放到合适的位置，选中所有素材，并按 Ctrl＋2 组合键将其锁定，效果如图 4-8 所示。

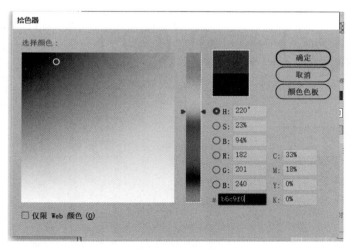

图 4-7　在拾色器中粘贴色号

图 4-8　置入素材效果图

3．制作字体

使用"直排文字工具" 输入文字"酸奶记忆"。选中文字，右击，执行"创建轮廓"命令，再右击，执行"取消编组"命令；复制文字到旁边备用；使用"直接选择工具" 对局部锚点进行拖曳并调整文字，使其错落衔接；更改文字颜色为"＃D93C7A"，效果如图 4-9 所示。

图 4-9　效果图（1）

使用"文字工具" T.输入"SUANNAI"（"酸奶"的拼音），"旋转"设置为"－90°"，并复制一个到旁边备用。选中"SUANNAI"，右击，执行"创建轮廓"命令，将"SUANNAI"拖动到"记"字的偏旁位置。按住 Shift 键的同时选中"记"的"偏旁"和"SUANNAI"，执行"窗口"→"路径查找器""减去顶层" 命令。使用同样的步骤在"忆"字上完成"XIAOSHIHOU"（"小时候"的拼音），效果如图 4-10 所示。

选中所有的文字，执行"效果"→"风格化"→"投影"命令，"投影"相关参数如图 4-11 所示。"颜色"色号为"♯762C4E"，效果如图 4-12 所示。

图 4-10　完成后效果

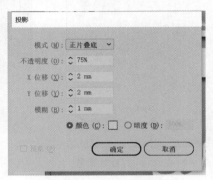

图 4-11　"投影"的参数设置

使用"矩形工具" 将放到一边备用的"酸奶"进行颜色和大小调整作为装饰，效果如图 4-13 所示。

使用"矩形工具" 绘制一个"矩形"，取消填充色，"描边"颜色改为"白色"，"粗细"为"1pt"。使用"剪刀工具" 在"矩形"中剪两个点，选中剪下来的这条"线段"，按 Delete 键删除，效果如图 4-14 所示。

图 4-12　效果图（2）

图 4-13　"装饰"后效果

图 4-14　剪刀工具

　　使用"直排文字工具"  输入文字"小时候的味道",按住 Alt 键,对文字间距的上、下、左、右进行调整,"颜色"设置为"白色",选择一个合适的字体。选中文字,执行"效果"→"风格化"→"投影"命令,"投影"的参数如图 4-15 所示。

　　最终效果如图 4-16 所示。

图 4-15　"投影"的参数

图 4-16　最终效果图

酸奶宣传单.mp4

## 四、任务拓展

### 任务拓展一　美食宣传单页设计

**1. 新建文件**

　　单击"新建"选项,在右侧参数栏设置画板"数量"为"2","宽度"为"145mm","高度"为"210mm","单位"为"毫米",四边"出血"为"3mm",高级选项中"颜色模式"为"CMYK 颜色","光栅效果"为"高(300ppi)",如图 4-17 所示。单击"创建"按钮创建一个空的新文档。

图 4-17　"新建文件"的参数设置

美食宣传单.mp4

**2. 置入素材**

执行"文件"→"置入"命令,选择置入底图,按 Ctrl＋2 组合键将其锁定,如图 4-18 所示。

**3. 绘制直角梯形**

选择"矩形工具"绘制一个矩形,使用"直接选择工具"选中矩形右下角的"锚点",按住 Shift 键向上拖曳可得到一个直角梯形,如图 4-19 所示。按住 Alt 键水平向右拖曳,移动并复制若干个梯形,使用 Ctrl＋D 组合键来复制多个梯形,执行"对象"→"复合路径"→"建立"命令,"设置"如图 4-20 所示。

图 4-18　置入底图

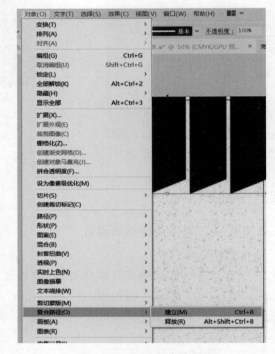

图 4-19　绘制一个直角梯形　　　　图 4-20　建立"复合路径"

**4. 置入素材并建立剪切模板**

按 Ctrl＋Shift＋P 组合键置入图片素材,调整图片大小与位置。选中梯形,右击,执行"排列"→"置于顶层"命令,如图 4-21 所示。选中路径和图片素材,右击,执行"建立剪切蒙版"命令可以得到图 4-22 所示效果。

图 4-21　置于顶层

图 4-22　建立"剪切蒙版"后的图形

5. 文字录入

使用"文字工具"输入"海鲜自助"并调整文字的大小,"字体"为"方正汉真广标简体",描边的"颜色"为"白色","宽度"为"6pt",字体的"颜色"为"蓝色"。执行"fx"→"风格化"→"投影"命令,如图 4-23 所示。"投影"设置"不透明度"为"75％","X 位移""Y 位移"均为"1mm",单击"确定"按钮。选中文字,使用 Ctrl＋C 和 Ctrl＋F 组合键原位置粘贴文字;执行"窗口"→"外观"命令,在出现的"外观面板"中找到"投影",如图 4-24 和图 4-25 所示。去掉描边,接着输入下面的文字并调整位置。按住 Alt 键并按向右的箭头,调整文字间的间距。在每个字之间绘制一个线条,移动并复制这个线条,按住 Alt 键并向右拖曳更改文字,可以得到如图 4-26 所示效果。

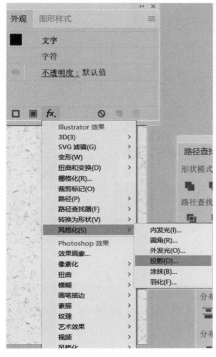

图 4-23　执行"风格化"→"投影"命令　　　　图 4-24　"投影"参数设置

输入正文文字内容及订购热线的部分,颜色设置为红色并调整文字位置及大小,最后调整整个文字的位置关系,如图 4-27 所示。

图 4-25　"外观面板"参数设置　　图 4-26　更改"文字"后效果　　图 4-27　"其他文字输入"后效果

执行"文件"→"置入"命令,选择海浪的素材,添加并调整素材的位置与大小,如图 4-28 所示。选中该图片,执行"透明度"面板→"建立不透明蒙版"命令,如图 4-29 所示。建立"不透明蒙版"后，这时蒙版中只有黑色内容，图片会在画面中消失，如图 4-30 所示。

　　单击黑色的蒙版部分，切换到蒙版状态。选择工具箱中的"矩形工具"，绘制一个"矩形"。对矩形做"黑色渐变"的填充模式，如图 4-31 所示。

图 4-28　置入素材后的效果

图 4-29　建立不透明蒙版

图 4-30　建立不透明蒙版参数设置

图 4-31　在蒙版状态下绘制渐变矩形

　　6. "星形标志"的绘制并输入文字

　　使用"星形工具"绘制"半径 1"为"17mm"，"半径 2"为"15mm"，"角点数"为"30"的星形，单击"确定"按钮。用"文字工具"输入文字并调节位置，如图 4-32 和图 4-33 所示。

图 4-32　"星形"标志的绘制参数

图 4-33　输入文字并绘制"星形"标志后效果

　　7. 画板 2

　　置入跟画板 1 一样的底图，如图 4-34 所示。

　　8. 基本图形绘制

　　使用"矩形工具"绘制一个矩形，它的边界要抵达"出血"位置，颜色填充为深蓝色，使用"直接选择工具"选择矩形右下角的一个锚点，单击并拖曳可得到一个梯形。使用"椭圆工具"绘制一个正圆，使用 Ctrl＋C 和 Ctr＋F 组合键可在原位置复制一个，缩小并移动新得到的"圆形"。执行"路径查找器"→"减去顶层"命令,选中一个新得到的图形,按住 Alt 键并单击拖曳多个图形,调整其位置与大小,形成一个小泡泡,如图 4-35 所示。

图 4-34　在"画板 2"中置入底图　　　　图 4-35　绘制图形并输入文字后得到的图形

**9. 建立剪切蒙版**

使用"椭圆工具"绘制一个正圆。按 Ctrl+Shift+P 组合键置入素材。选中圆形,执行"排列"→"置于顶层"命令,调整圆形和图片的位置。按 Ctrl+7 组合键建立剪切蒙版,如图 4-36 所示,执行 fx →"风格化"→"投影"命令,其参数如图 4-37 所示。单击"确定"按钮。使用"编组选择工具" 选中圆形。单击"描边"面板中的"描边粗细",选择"5pt",如图 4-38 所示。按住 Alt 键并向右拖曳,按 Ctrl+D 组合键多次复制,如图 4-39 所示。选择一个模板对象,执行"窗口"→"链接"命令重新链接图片,如图 4-40 所示。

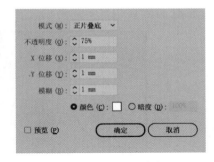

图 4-36　建立剪切蒙版　　　图 4-37　"投影"参数　　　图 4-38　描边后效果

图 4-39　多次复制后效果

单击"重新链接"选择替换的图片素材,全部重新链接后得到如图 4-41 所示图形。

**10. 绘制旗形图案**

使用"矩形工具"绘制一个矩形,使用"吸管工具"吸取一个黄色,使用"添加锚点工具"在矩形右边添加一个锚点。使用"直接选择工具"拖曳锚点,绘制成一个旗形图案,如图 4-42 所示。输入相应的文字并调整位置与大小,接着使用"文字工具"拖曳形成段落文字。

图 4-40　重新链接图片

图 4-41　全部重新链接后效果

**11. 文字录入**

复制文字,使用"文字工具"拖曳到相应位置粘贴文字,按 Alt＋↓组合键调整行间距,按 Alt＋→组合键调整字间距,如图 4-43 所示。

图 4-42　旗形图案

图 4-43　输入文字并调整间距

**12. 建立剪切蒙版完成绘制**

按住 Alt 键复制一个右上角所示的图案。右击并执行"变换"→"镜像"命令,选择"水平"为"0°",并移动到合适的位置,按 Ctrl＋C 组合键复制,右击并执行"释放剪切蒙版"命令删掉这个图片。选中这个图形,填色设置为黄色。接下来按住 Alt 键移动并拖曳复制。按 Ctrl＋Shift＋P 组合键置入图片素材并调整图片素材的大小。选中这个图形并右击,执行"排列"→"置于顶层"命令,都选中,按 Ctrl＋7 组合键建立剪切蒙版,并移动到画面中。双击以选中图片,按住 Shift 键向上拖曳整个图形,效果如图 4-44 所示。

图 4-44　移动后的图片

使用"矩形工具"拖曳一个矩形框、矩形框的大小和出血范围的大小是一样的。将其全部选中,按 Ctrl＋7 组合键建立剪切蒙版,至此完成全部绘制,如图 4-45 所示。

图 4-45　最终效果

## 任务拓展二　银行宣传单页设计

**1. 新建文件**

单击"新建"选项,在右侧参数栏设置名称为"名片设计与制作","画板"数量为"1","宽度"为"210mm","高度"为"297mm","单位"为"毫米",四边"出血"为"3mm"的文件,如图 4-46 所示。单击"创建"按钮创建一个空的新文档。

**2. 置入原稿**

执行"文件"→"置入"命令,置入原稿,如图 4-47 所示。

**3. 新建并填充**

选中这个原稿并按 Ctrl＋2 组合键将其锁定。使用"矩形工具"选中原稿,将大小参数改为"216mm×303mm",单击"确定"按钮。"描边"设置为"无"用吸管工具吸取颜色作填色,把新得到的图形放到合适的位置,如图 4-48 所示。

图 4-46 "新建文件"的参数设置

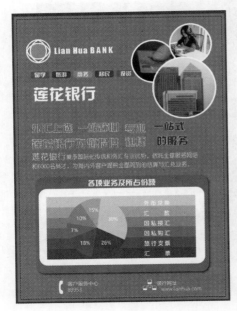

图 4-47 置入原稿

图 4-48 建立新的矩形

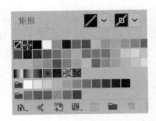

图 4-49 "描边"和"填充"
都为"无"

按 Ctrl+C 组合键复制一个图形,再按 Ctrl+F 组合键在原位置粘贴一个"矩形"。

**4. 新建图案色板**

选择"矩形工具"拖曳一个正方形,把"描边"和"填充"都设置为"无",如图 4-49 所示。双击"比例缩放工具"按"40%"的比例缩放并复制,如图 4-50 所示。

选中里面的小正方形,填充色为"白色"。选中两个正方形,把他们拖到色板内,如图 4-51 所示;得到如图 4-52 所示的"新建图案"色板;把两个正方形删掉,选中矩形,"填充"设置为"新建图案色板",如图 4-53 所示。

图 4-50　按比例缩放后效果

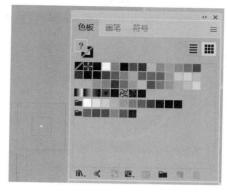

图 4-51　拖曳到色板内

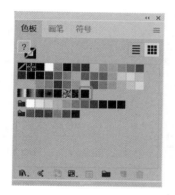

图 4-52　"新建图案"色板（1）

图 4-53　"新建图案"色板（2）

双击"比例缩放工具"等比缩放设为"10％"，把"变换对象"取消，选中"变换图案"单击"确定"按钮。"不透明度"改为"10％"，按 Ctrl＋3 组合键把它隐藏掉。

**5. 置入标志**

置入"银行"标志并输入文字，如图 4-54 所示。

**6. 置入图片**

执行"文件"→"置入"命令并置入素材。使用"椭圆工具"绘制一个正圆。选中这个图片，右击并执行"建立剪切模板"命令，使用"直接

图 4-54　输入文字

选择工具"选中一个锚点，添加一个白色的描边，"描边"宽度设为"3pt"。执行按 Ctrl＋3 组合键将其隐藏，可得到如图 4-55 所示图形，其余图片也做同样的置入操作。

**7. 绘制字体**

使用"文字工具"输入相应的文字，调整字体及字号大小，调整角度并拖曳。选中文字，填充色为设为"白色"，描边色选择为"白色"并增加描边"宽度"为"2pt"。选中文字，使用 Ctrl＋C 和 Ctrl＋F 组合键在原位置复制粘贴，使用"吸管工具"吸取文字的颜色为"红色"，如图 4-56 所示。将其余文字的绘制完成。

图 4-55　置入图片后效果　　　　　　　图 4-56　完成文字的绘制

**8. 绘制圆角矩形**

使用"圆角矩形工具"绘制一个矩形,调整其角度与大小。执行"外观"→"fx"→"风格化"→"投影"命令,"模式"选择"正常","不透明度"设为"40%",单击"确定"按钮,具体参数设置如图 4-57 和图 4-58 所示。按 Ctrl＋3 组合键把它隐藏掉。

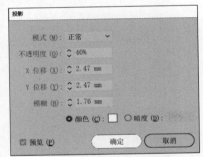

图 4-57　"外观"面板　　　　　　　　图 4-58　"投影"面板

**9. 绘制图表**

选择"矩形工具"绘制出第一个矩形并用"吸管工具"吸取第一个矩形的颜色并填充,如图 4-59 所示。按住 Alt 键移动并复制,使用"吸管工具"吸取最下面矩形的颜色并填充,如图 4-60 所示。选中第一个矩形按住 Shift 键加选最下面的矩形,执行"对象"→"混合"→"混合选项"命令,打开"混合选项"对话框设置参数如图 4-61 所示。选择"指定的步数"为"4",单击"确定"按钮,如图 4-62 所示。再次执行"对象"→"混合"→"建立"命令,得到如图 4-63 所示图形,按 Ctrl＋3 组合键把它隐藏掉。

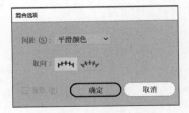

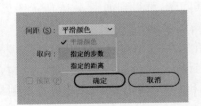

图 4-59　填充第一个矩形　　　　　　　图 4-60　填充最下面的矩形

图 4-61　"混合选项"的参数设置　　　　图 4-62　选择"指定的步数"

**10. 绘制饼状图**

在工具栏中选择"柱形图工具"中的"饼图工具",拖曳绘制出一个饼状图。执行"导入数据"命令导入我们的数据。执行"换位行"→"列"命令,如图4-64所示,单击"确定"按钮。执行"饼状图工具"→"图例"→"无图例"命令,如图4-65所示,单击"确定"按钮。执行"对象"→"取消编组"命令,对每一个"小扇形"改变颜色,插入文字并调节大小。最后选中扇形,使用Ctrl+3组合键将其隐藏掉。

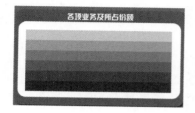

图4-63 建立"混合"

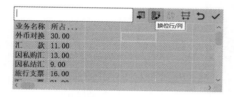

图4-64 导入数据

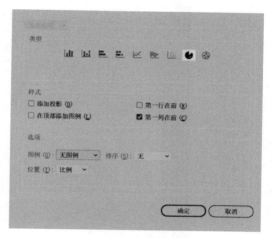

图4-65 图表类型

**11. 输入文字**

输入相应的文字并调整其大小。选择"字形"面板,找到相应的"电话标志" 并双击,如图4-66所示。使用同样的方法得到第二个小图标。

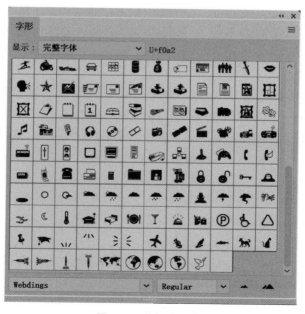

图4-66 "字形"面板

完成所有图形绘制,得到如图 4-67 所示的效果图。

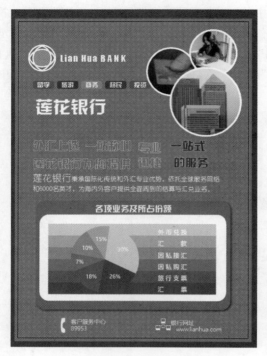

图 4-67　最后的效果图

银行宣传单页制作.mp4

## 【知识拓展】

DM 是英文 direct mail advertising 的省略表述,直译为"直接邮寄广告",即通过邮寄、赠送等形式,将宣传品送到消费者手中、家里或公司所在地。也有将其表述为 direct magazine advertising(直投杂志广告)。两者没有本质上的区别,都强调直接投递(邮寄)。

1. 简介

美国直邮及直销协会(DM/MA)对 DM 的定义如下:"对广告主所选定的对象即将印就的印刷品,用邮寄的方式传达信息的一种手段。"

因此,DM 是区别于传统的广告刊载媒体,如报纸、电视、广播、互联网等新型广告发布载体的。传统广告刊载媒体"贩卖"的是内容,然后把发行量二次"贩卖"给广告主,而 DM 则是"贩卖"直达目标消费者的广告通道。

DM 除了用邮寄外,还可以借助于其他媒介,如传真、杂志、电视、电话、电子邮件及直销网络、柜台散发、专人送达、来函索取、随商品包装发出等。

2. 形式

DM 形式有广义和狭义之分,广义上包括广告单页,如大家熟悉的街头巷尾、商场超市散布的传单,肯德基、麦当劳的优惠券也能包括其中;狭义的 DM 仅指装订成册的集纳型广告宣传画册,页数在 20～200 页不等。

(1) DM 广告杂志不能出售,不能收取订户发行费,只能免费赠送。

(2) DM 广告须有工商局批准的广告刊号才能刊登广告。

3. 可以和邮电局的 DM 专送合作

DM 是中国广告业的盲点,它有着大量的空间有待我们去拓展,它的崛起似乎已是指日可待,原因有四点:其一,现代邮政事业的发展,国家政策的大力扶持为 DM 提供了充分的发展空间;其二,随着一些特殊行业垄断局面的打破,将为 DM 注入新的动力,促其不断发展;其三,DM 掌握的是直接用户,生产厂家受中间商影响较小;其四,与其他传统广告媒体相比,广告主更青睐 DM 运作的自主性。

4. 特点

(1) 针对性:由于 DM 广告直接将广告信息传递给真正的受众,具有强烈的选择性和针对性,其他媒介只能将广告信息笼统地传递给所有受众,而不管受众是否是广告信息的目标对象。

(2) 广告持续时间长:一个 30 秒的电视广告,它的信息在 30 秒后荡然无存。DM 广告则明显不同,在受传者作出最后决定之前,可以反复翻阅直邮广告信息,并以此作为参照物来详尽了解产品的各项性能指标,直到最后做出购买或舍弃决定。

(3) 具有较强的灵活性:不同于报纸杂志广告,DM 广告的广告主可以根据自身具体情况来任意选择版面大小并自行确定广告信息的长短及选择全色或单色的印刷形式。广告主只需考虑邮政部门的有关规定及自身广告预算规模的大小。

(4) 能产生良好的广告效应:DM 广告是由广告主直接寄送给个人的,故而广告主在付诸实际行动之前,可以参照人口统计因素和地理区域因素选择受传对象以保证最大限度地使广告讯息为受传对象所接受。同时,与其他媒体不同,受传者在收到 DM 广告后,会迫不及待地了解其中内容,不受外界干扰而移心他顾。基于这两点,我们说 DM 广告较之其他媒体广告能产生良好的广告效应。

(5) 具有可测定性:广告主在发出直邮广告之后,可以借助产品销售数量的增减变化情况及变化幅度来了解广告信息传出之后产生的效果。这一优势超过了其他广告媒体。

(6) 具有隐蔽性:DM 广告是一种深入潜行的非轰动性广告,不易引起竞争对手的察觉和重视。

(7) 目标对象的选定及到达:目标对象选择欠妥,势必使广告效果大打折扣,甚至使 DM 广告失效。没有可靠有效的分销人群,DM 广告只能变成一堆乱寄的废纸。

(8) DM 广告的创意、设计及制作:DM 广告无法借助报纸、电视、杂志、电台等在公众中已建立的信任度,因此 DM 广告只能以自身的优势和良好的创意、设计,印刷及诚实诙谐,幽默等富有吸引力的语言来吸引目标对象,以达到较好的效果。

5. 优点

(1) DM 不同于其他传统广告媒体,它可以有针对性地选择目标对象,有的放矢,减少浪费。

(2) DM 是对事先选定的对象直接实施广告,广告接受者容易产生其他传统媒体无法比拟的优越感,使其更自主关注产品。

(3) 一对一地直接发送,可以减少信息传递过程中的客观挥发,使广告效果达到最大化。

(4) 不会引起同类产品的直接竞争,有利于中小型企业避开与大企业的正面交锋,从而潜心发展壮大企业。

（5）可以自主选择广告时间、区域，灵活性大，更加适应善变的市场。

（6）想说就说，不为篇幅所累，广告主不再被"手心手背都是肉，厚此不忍，薄彼难为"困扰，可以尽情赞誉商品，让消费者全方位了解产品。

（7）内容相对自由，形式不拘，有利于第一时间抓住消费者的眼球。

（8）信息反馈及时、直接，有利于买卖双方双向沟通。

（9）广告主可以根据市场的变化，随行就市地对广告活动进行调控。

（10）摆脱中间商的控制，买卖双方皆大欢喜。

（11）DM广告效果客观可测，广告主可根据这个效果重新调配广告费和调整广告计划。

DM优点虽多，但要发挥最佳效果，还需有三个条件的大力支持。第一，必须有一个优秀的商品来支持DM。假若你的商品与DM所传递的信息相去甚远，甚至是假冒伪劣商品，无论你的DM吹得再天花乱坠，市场还是要抛弃你。第二，选择好你的广告对象。再好的DM，再棒的产品，也不能对牛弹琴，否则就是死路一条。第三，考虑用一种什么样的广告方式来打动顾客。俗语说得好：攻心为上，巧妙的广告诉求会使DM有事半功倍的效果。

### 6．制作方法

DM优点虽多，并非见得DM就会人见人爱。再好的东西，就像一块稀世宝石，如果它的闪光点不为世人所知，终究也只是块石头。一份好的DM，并非盲目而定。在设计DM时，假若事先围绕它的优点考虑更多一点，将对提高DM的广告效果大有帮助。DM的设计制作方法，大致有如下几点。

（1）设计人员要透彻了解商品，熟知消费者的心理习性和规律，知己知彼，方能百战不殆。

（2）爱美之心，人皆有之，故设计要新颖有创意，印刷要精致美观，从而吸引更多的眼球。

（3）DM的设计形式无法则，可视具体情况灵活掌握，自由发挥，出奇制胜。

（4）充分考虑其折叠方式、尺寸大小、实际重量，以便邮寄。

（5）可在折叠方法上玩些小技巧，比如借鉴中国传统折纸艺术，让人耳目一新。但切记，要使接收邮寄者方便拆阅。

（6）配图时，多选择与所传递信息有强烈关联的图案，以刺激记忆。

（7）考虑色彩的魅力。

（8）好的DM莫忘纵深拓展、形成系列，以积累广告资源。

在普通消费者眼里，DM与街头散发的小报没多大区别，印刷粗糙，内容低劣，是一种避之不及的广告垃圾。其实，要想打动并非"铁石心肠"的消费者，不在DM里下一番深功夫是不行的。在DM中，精品与垃圾往往一步之隔，要使DM成为精品，就必须借助一些有效的广告技巧来提高DM效果。有效的DM广告技巧能使DM看起来更美，更招人喜爱，成为企业与消费者建立良好互动关系的桥梁，它们包括：

（1）选定合适的投递对象。

（2）设计精美的信封，以美感夺人。

（3）在信封反面写上主要内容简介，可以提高开阅率。

（4）信封上的地址、收信人姓名要书写工整。

（5）DM 最好包括一封给消费者的信函。

（6）信函正文抬头写上收件人姓名，使其倍感亲切并有阅读兴趣。

（7）正文言辞要恳切、富人情味、热情有礼，使收信人感到亲切。

（8）内容要简明，但购买地址和方法必须交代清楚。

（9）附上征求意见表或订货单。

（10）采用普通函札方式，收件人以为是亲友来信，能提高拆阅率。

（11）设计成立体式、系列式以引人注意。

（12）设法引导消费者重复阅读，甚至当作一件艺术品来收藏。

（13）对消费者的反馈意见要及时处理。

（14）重复邮寄可加深印象。

（15）可视情况采用单发式、阶段式或反复式等多种形式投递散发。

（16）多用询问式 DM，因其通常以奖励的方法鼓励消费者回答问题，起到双向沟通的作用，比介绍式 DM 更能引起消费者的兴趣。

7. 要点

（1）DM 设计与创意要新颖别致，制作精美，内容设计要让人不舍得丢弃，确保其有吸引力和保存价值。

（2）主题口号一定要响亮，要能抓住消费者的眼球。好的标题是成功的一半，好的标题不仅能给人耳目一新的感觉，还会产生较强的诱惑力，引发读者的好奇心，吸引他们不由自主地看下去，使 DM 广告的广告效果最大化。

（3）纸张、规格的选取大有讲究。一般画面选用铜版纸；文字信息类选用新闻纸，打报纸的"擦边球"。对于选择的新闻纸其规格最好是报纸的一个整版面积，至少也要一个半版；彩页类，其大小一般不能小于 B5 纸，太小了不行，一些二折、三折页更不要夹，因为读者拿报纸时，很容易将他们抖掉。

（4）随报投递应根据目标消费者的接触习惯，选择合适的报纸。如针对男性的就可选择新闻和财经类报刊，如《参考消息》《环球时报》《南风窗》《中国经营报》和当地的晚报等。

8. 分类

一般分为 A 级铜版纸和 B 级铜版纸，其中每种又可分为 105 克、128 克、157 克三种，且价格不一。

9. 需要邮寄订货单（产品直接到达目标对象，而无须经过零售，分销或其他媒介）

从 DM 行销的角度可以分为两类，一类是纯派发式，比如出现较早的《目标》《生活速递》《尚邦广告》，它们基本上是一种 DM 信息的传递。另一类是通过媒体做销售，类似数据库行销，比如《品味》和《旺家购物》，DM 媒体无疑成为数据库营销的先行者，而数据库营销也正是 DM 媒体发展的关键。因为购买数据花销很大，许多直投还不能完全做到采用商业数据库形式进行实名制直投。即使有做到的，数据库是否精准也成为问题。实际上，国内大多数 DM 媒体都拥有所谓的定位在高档人群的数据库，这里大多指的是把杂志投放到高档社区，每个进入社区的人都可以拿一本，或者是放到高档消费场所。DM 广告特别适合于商场、超市、商业连锁、餐饮连锁、各种专卖店、电视购物、网上购物、电话购物、电子商务、无店铺销售等各类实体卖场和网上购物中心，也非常适合于其他行业相关产品的市场推广。

10. 要求

通常 16 开的尺寸为 210mm×285mm,8 开的尺寸为 420mm×285mm,非标准的尺寸可能会造成纸张的浪费。

少量宣传单的印刷一般常用 157 克和 200 克纸张;直邮广告对纸张的要求不是很高,一般最常用 80 克和 105 克的纸张。

## 任务二    家居三折页设计

### 一、任务描述

某家居品牌为了进行产品宣传需要设计一张"三折页"。该品牌产品主要为北欧简约风格家具,设计配色要体现北欧的现代简约风格。

### 二、学习目标

(1)根据提供的素材设计宣传单的风格。
(2)利用配色网站完成宣传单的配色工作。

素材.rar

### 三、任务实施

**1.新建文件**

新建一个名为"家居设计三折页"的 285mm×210mm 的文件,"画板"数量为"2","出血"的上、下、左、右各为"3mm",详细参数如图 4-68 所示。

图 4-68    新建文件

**2.创建"三折页"**

按 Ctrl＋R 组合键以显示"参考线"。在第一个画板最左边(不是出血位置)处拖曳一条参考线,让这条参考线的位置在"0 点"。选中这条参考线,双击"选择工具" ▷ ,将"水平"处设为"94mm","垂直"设为"0mm",单击"复制"按钮,参数如图 4-69 所示。

　　选中新的"参考线",重复上述操作,将"水平"设为"95mm","垂直"设为"0mm",单击"复制"按钮。在第二个画板最左边(不是出血位置)处拖曳一条参考线,选中这条参考线,双击"选择工具" ,将"水平"设为"96mm","垂直"设为"0mm",单击"复制"按钮。再选中新的参考线,重复上述操作,"水平"设为"95mm","垂直"设为"0mm",单击"复制"按钮。效果如图 4-70 所示。执行"视图"→"参考线"→"锁定参考线"命令,以锁定参考线。

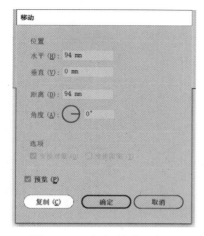

图 4-69　"移动"的详细参数

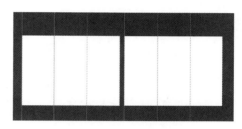

图 4-70　效果图(1)

### 3. 绘制底图

　　按 Ctrl+Shift+P 组合键置入背景素材,调整至合适大小和位置,尽量还原原素材的比例。使用"矩形工具" 绘制一个宽度为 291mm、长度为 216mm 的矩形。将这个矩形放在画板出血的位置上。同时选中这个矩形和刚刚置入的背景图,执行"右击"→"建立剪切蒙版"命令,按 Ctrl+2 组合键将其锁定,效果如图 4-71 所示。

图 4-71　绘制底图

### 4. 制作字体

　　使用"文字工具" 画板输入"家居设计",调整合适的大小,执行"文字"→"文字方向"→"垂直"命令。选择一个比较清瘦一点的字体并应用,字体制作好之后,按住 Alt 键并拖动复制一个到旁边备份。按 Ctrl+Shift+O 组合键创建"轮廓",执行"右击"→"取消编组"命令。使用"直接选择工具" 对"家居"二字进行调整。打开 Adobe Color 网站,单击左上角的"撷取主题",把"家具"图打开,就可以匹配相同色调的颜色。从中选择你想要的颜色,复制颜色色号,在 Ai 中打开"拾色器"并粘贴色号。选中这两个字,执行"效果"→"风格化"→"投影"命令,"投影"的颜色也选择字体相同的颜色,在这个基础上将颜色调暗,详细参数如图 4-72 所示,效果如图 4-73 所示。

　　"设计"二字用另外一个字体。使用"椭圆工具" 和"直线段工具" 给字体做一个装饰。执行"效果"→"风格化"→"外发光"命令,打开"外发光"对话框,参数如图 4-74 所示,效果如图 4-75 所示。

　　使用"直排文字工具" 将其他文字置入,其大小设为"9pt",效果如图 4-76 所示。

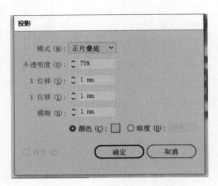

图 4-72　"投影"参数设置

图 4-73　"家居"效果图

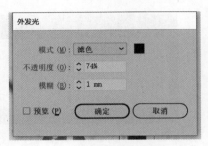

图 4-74　"外发光"参数设置

图 4-75　"设计"效果图

图 4-76　其他文字绘制后的效果图

使用"文字工具" **T**,输入"极致简约 探索生活美学",字体颜色设为"白色"。选中文字并右击执行"排列"→"置于顶层"命令。使用"矩形工具" ▢ 绘制一个比字体稍大的矩形,填充色为刚才的"浅绿色",描边色设为"无"。执行"效果"→"风格化"→"圆角"命令。字体制作好之后,依旧按住 Alt 键并拖动复制一个到旁边备份。按 Ctrl+Shift+O 组合键创建"轮廓",右击并执行"取消编组"命令,效果如图 4-77 所示。

使用"矩形工具" ▢ 绘制一个小矩形,放在"简约"和"探索"中间,使用"倾斜工具" ☞ 按住 Shift 键来进行倾斜。同时选中图 4-77 中的内容和刚刚绘制的矩形,按住 Shift+M 组合键打开"形状生成器",按住 Alt 键并单击把多余的部分剪掉。执行"效果"→"路径查找器"→"相减"命令。这时我们会发现文字也变成了圆角,这时候执行"对象"→"拓展外观"命令,另一边也是如此,效果如图 4-78 所示。

图 4-77　效果图(2)

图 4-78　效果图(3)

使用"文字工具" **T**,输入其他文字,字号控制在"11pt"以下,置入图片素材,效果如图 4-79 所示。

图 4-79　效果图（4）

　　为了形成一个统一的版式，我们可以使用"矩形工具" 📧 在画板上方和下方设计一个长条矩形，效果如图 4-80 所示。

　　使用"文字工具" **T** 输入"北欧风情"，颜色使用配色网站中的另一个颜色。使用"圆角矩形工具" 📧 绘制一个圆角矩形。使用"文字工具" **T** 输入"北欧风情"的英文，可以去百度搜索并翻译成正确的英文。继续输入其他文字，效果如图 4-81 所示。

图 4-80　效果图（5）

图 4-81　输入其他文字后的效果

置入图片素材并调整合适的大小和位置。使用"矩形工具" ▭ 绘制一个框住素材主体的矩形,再用"直接选择工具" ▶ 选中右上角和左下角的锚点并向内拖动以把这两个角变成圆角。同时选中素材和矩形,右击,执行"建立剪切蒙版"命令,效果如图 4-82 所示。

图 4-82　建立"剪切蒙版"

执行"视图"→"参考线"→"解锁参考线"命令,选中两条相邻的参考线。再按住 Shift 键选中两条参考线中间需要对齐的部分,再选择"水平居中分布",效果如图 4-83 所示。

图 4-83　"居中"效果图

绘制完正面后，绘制背面。先置入底图，再使用"矩形工具" ▣ 绘制一个宽度为291(285＋6)mm，长度为 216(210＋6)mm 的矩形，将这个矩形放在画板出血的位置上。同时选中这个矩形和刚刚置入的背景图，右击，执行"建立剪切蒙版"命令，按 Ctrl＋2 组合键将其锁定，效果如图 4-84 所示。

图 4-84 建立"剪切蒙版"

使用上文的步骤制作字体、置入素材以完成第一面，效果如图 4-85 所示。

使用"多边形工具" ⬡，按住鼠标左键并单击方向下键来调整多边形边数至三。绘制一个三角形，"不透明度"设为"30％"左右值。再用"直接选择工具" ▶ 拖动锚点来改变三角形的形态。重复上述步骤共绘制四个三角形，效果如图 4-86 所示。

图 4-85 效果图(6)

图 4-86 绘制三角形

输入其他文字，效果如图 4-87 所示。

置入图片素材，使用"矩形工具" ▣ 绘制一个矩形长条，按 Alt 键拖动复制，到主体部分后可以拖动加宽，效果如图 4-88 所示。

选中刚刚绘制的所有矩形，执行"对象"→"复合路径"→"建立"命令同时选中这个矩形和刚刚置入的素材图并右击，执行"建立剪切蒙版"命令，效果如图 4-89 所示。

使用"矩形工具" ▣ 绘制一个矩形并放置在刚刚绘制的素材图下，效果如图 4-90 所示。

继续置入其他素材和文字，效果如图 4-91 所示。

图 4-87 输入文字后效果 | 图 4-88 效果图(7)

图 4-89 建立"剪切蒙版" | 图 4-90 效果图(8) | 图 4-91 效果图(9)

最终效果如图 4-92 和图 4-93 所示。

图 4-92　"北欧风情"家居设计效果图

图 4-93　"北欧风情"家居设计效果图

家居三折页.mp4

## 【知识拓展】

### 三折页的设计与制作

在众多的宣传印刷品中,三折页有着非常不错的宣传和推广效果。虽说结构简简单单,但实际上其内容中所包含的信息量非常多,若能精心设计印刷,对企业的宣传是非常有效的。

三折页是一种双面印刷在一张纸上的印刷品。通常经过两次折叠形成三个部分,每一面的三个部分自成一页,所以每一面有三页,正反两面共有六页。

1. 三折页的功效

三折页通过对各个折页区域内容的划分,使读者在观看时产生一个先后顺序,同时,整体的风格和谐统一,使整个三折页阅读起来就像在跟读者讲一个有趣的故事,给人一种充实感。三折页叠合时只能看到封面与封底两页,如图 4-94 所示。

打开封面能看到内页如图 4-95 所示。

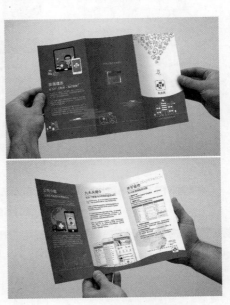

图 4-94 三折页叠合后      图 4-95 封面及内页

2. 尺寸设置

由于三折页印刷在一张纸上,所以展开的尺寸才是三折页的总尺寸。最常用的总尺寸为大度 16 开(210mm×285mm)和大度 8 开(285mm×420mm),叠合以后的尺寸分别为 96mm×210mm 和 141mm×285mm,这两个尺寸比较方便观众手握和观看,如图 4-96 所示。

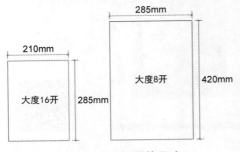

图 4-96 三折页的尺寸

32 开及以下或 4 开及以上的总尺寸非常少见,因为"叠合"后的尺寸要么太大不好握或不方便携带,要么太小不方便阅读。而异数开(非标准开数)尺寸由于可能会提高成本,所以也很少见。正度 16 开与正度 8 开尺寸比大度 16 开与大度 8 开尺寸略小,但价格却与大度尺寸相当,所以大多数客户也不会选择,因为三折页面积小了,广告的空间也就小了。

理论上把一张纸折成三折页,只要把长边均分三份再折两次就能完成。但实际上这种折法是有问题的。由于任何纸张都有厚度,而三折页中有一页被包裹里面,所以里面的一页不能与外面的两页等宽。如果内页与外页等宽,又强行折叠,则内页的边缘会产生卷曲,影响美观，如图 4-97 所示。

以总尺寸为大度 8 开（285mm×420mm）为例，在设定三折页各页尺寸时，可以适当地缩小内页的宽度，增加两个外页的宽度。如图中内页宽设为总宽 420mm 的 1/3 再减 2mm，即 138mm；外页宽设为总宽 420mm 的 1/3 再加 1mm，即 141mm，从而让内页比外页窄 3mm，如图 4-98 所示。

图 4-97　边缘产生卷曲

只要内、外页宽度的差值大于纸张的厚度，就足以让内页平整地叠在外页里面，从而让内页在叠合的时候不会发生边缘卷曲，如图 4-99 所示。

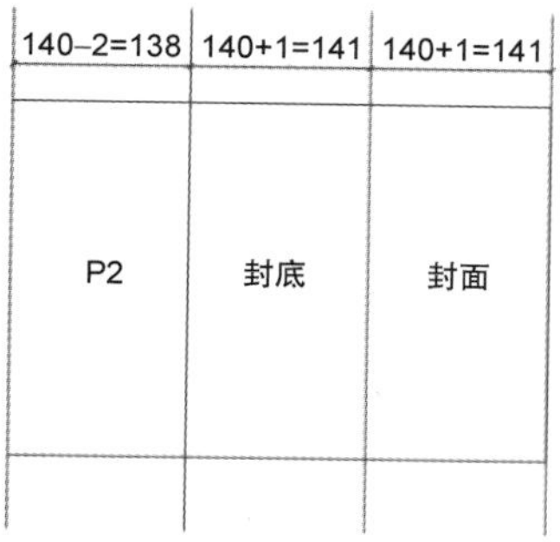

| 140−2=138 | 140+1=141 | 140+1=141 |
|---|---|---|
| P2 | 封底 | 封面 |

图 4-98　"缩小内页的宽度，增加两个外页宽度"的效果　　　　图 4-99　内页平整地叠在外页里面

折页印刷产品在生产制作过程当中，一定要严格按照折页印刷生产的规范来选择印刷纸张。一般情况下，折页印刷纸张会常用 157 克或者 200 克的铜版纸。如果是直邮广告且对纸张的要求不是很高的时候，可以考虑使用 80 克和 105 克的印刷纸张，这样基本上就能够满足折页印刷生产制作的要求。

3. 纸张及工艺

折页印刷生产在选择印刷纸张方面，可以根据不同用户的不同要求来选择适合的印刷纸张，比如 80 克、105 克、128 克、157 克、200 克、250 克的印刷纸张都可以根据需要进行选择。折页印刷纸张类型除了知名的铜版纸使用较好外，还可以选择轻涂纸、双胶纸或者艺术纸印刷。

在折页印刷中，印后工艺是最常见，也是最多样化的。下面就来简单地介绍一下常见的几种印后工艺。

（1）覆光膜，这种工艺是对封面和封底面进行过光胶的处理，将一层薄膜覆盖到折页印刷品上，这样可以很好的保护印刷品的颜色，既耐摩擦，又可以防水防脏。对比一下就可以发现上模的印刷品更加具有光泽度，提升了印刷品的质量。

（2）覆哑光膜，这种工艺与第一种的操作方式大同小异，只是材料替换为哑光膜，同样也可以起到防水防脏的效果。但会使印刷品看起来更典雅古朴，瞬间提升印刷品的艺术感，这种工艺比较适用于内容偏艺术性的印刷品。

（3）烫金工艺。它是采用金属箔为印后工艺的装饰原料。通过热压印的方式覆盖到印刷品的表面，有各种不同的颜色可以选择，这样印刷出来的成品给人的感觉就更加的高档和华丽。金属的特质可以带来强烈的视觉感，不过因为该工艺的原料操作比较麻烦，所以价格也会偏高一点。

（4）局部的 UV，它是针对一些特殊的设计，例如对版面有凹凸感设计的印刷品则可以采取这种工艺,在印刷品的表面上涂抹一层透明的 UV 油。工艺操作起来比较简单,但是却能突出反差感,使印刷品想要表达的主题更加明显地显现出来,同时也能提升其设计的艺术感。

## 四、任务拓展

### 任务拓展一 家居宣传单页设计

**1. 新建文件**

新建一个名为"家居宣传单"的 210mm×297mm 的文件,"画板"数量为"1","出血"的上、下、左、右各为"3mm",详细参数如图 4-100 所示。

**2. 绘制底图**

执行"文件"→"置入"命令以置入背景图,按 Ctrl＋2 组合键将其锁定。继续置入其他素材,效果如图 4-101 所示。

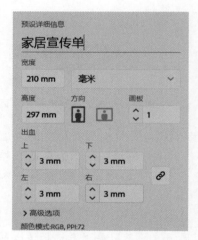

图 4-100 "新建文件"的参数设置

图 4-101 置入素材

**3. 制作文字**

使用"文字工具" T,输入"有格调的家",字体颜色可以打开 Adobe Color 这个网站,单击左上角的"撷取主题",把背景图打开就可以匹配相同色调的颜色,可以从中选择你想要的

图 4-102 输入文字后的效果

颜色。使用同样的方法输入其他文字,效果如图 4-102 所示。

选中"有格调的家",执行"效果"→"3D"→"凸出与斜角"命令,选中"预览",详细参数如图 4-103 所示,效果如图 4-104 所示。

可以使用 Adobe Color 中的撷取渐变功能来完成文字的渐变,选中"为您装修一个",按 Ctrl＋Shift＋O 组合键创建"轮廓",执行"窗口"→"渐变"命令,将"颜色模式"改为"RGB 颜色",双击"颜色滑块"更改颜色,详细参数如图 4-105 所示。双击"渐变工具" ,在画板中拖动以改变渐变方向,效果如图 4-106 所示。

将英文改成稍微浅些的颜色,如图 4-107 所示。

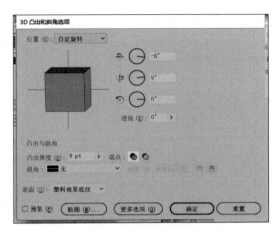

图 4-103　"凸出与斜角"的参数设置

有格调的家

图 4-104　3D 效果图

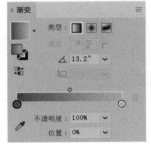

图 4-105　"渐变"参数设置

为您装修一个

图 4-106　改变"渐变"方向效果图

将其他文字设置为合适的颜色和大小,按住 Alt 键调整字间距,效果如图 4-108 所示。

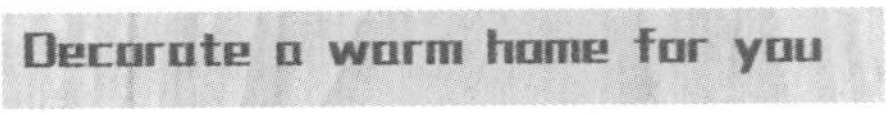

图 4-108　效果图(1)

Decorate a warm home for you

图 4-107　浅色"英文"效果图

选中下面沙发的图片,单击"不透明度面板",单击右上角的"下拉菜单",单击"建立不透明蒙版"(图 4-109)。选中图 4-110 中红色框住的部分,使用"矩形工具" ▢ 绘制一个矩形,大小和图片中沙发的大小差不多,并放到沙发图片的位置上。执行"窗口"→"渐变"命令,现在是一个左右的"渐变",双击"渐变工具" ▢ ,在画面中拖动以改变渐变方向,将其改为"上下渐变"。这样图片就和底图有了很好的融合,再单击图 4-110 中蓝色框住的部分回到正常图层里。

图 4-109　建立不透明蒙版

使用"矩形工具" ▢ 绘制一个宽度为 216mm、长度为 303mm 的矩形。将其调整至和画板一样的位置。按 Ctrl＋Alt＋2 组合键解锁。然后全选并右击,执行"建立剪切蒙版"命令,最终效果如图 4-111 所示。

图 4-110　详情图

图 4-111　效果图(2)

家居宣传单.mp4

## 任务拓展二　植物宣传单设计

### 1. 新建文件

单击"新建"选项,在右侧参数栏设置"名称"为"名片设计与制作","画板"数量为"1","宽度"为"297mm","高度"为"210mm","单位"为"毫米",四边"出血"为"3mm",高级选项中"颜色模式"为"CMYK 颜色","光栅效果"为"300ppi",如图 4-112 所示。单击"创建"按钮创建一个空的新文档。

图 4-112　"新建文件"的参数设置

**2. 建立"参考线"**

按 Ctrl+R 组合键调出标尺,使用直线工具沿左边框绘制一条直线。双击"移动工具","水平"设置为"148.5mm","垂直"设置为"0mm",单击"确认"按钮。执行"视图"→"参考线"→"建立参考线"命令,按 Ctrl+2 组合键锁定该参考线,如图 4-113 所示。

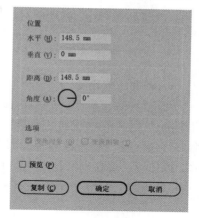

**3. 绘制直线**

选择"直线工具"按住 Shift 键绘制出图案左上方的直线,"描边"设为"绿色",其"宽度"为"0.5pt",如图 4-114 所示。按住 Alt 键移动并拖曳复制,按 Ctrl+D 组合键进行多次复制得到如图 4-115 所示图形。选中新绘制出来的直线并按住 Alt 键移动并拖曳到右下方,与下方的出血对齐并拉长,按住 Alt 键拖曳并复制新得到的直线,按 Ctrl+D 组合键进行多次复制如图 4-116 所示。全部选中,按 Ctrl+2 组合键将其锁定。

图 4-113 建立"参考线"

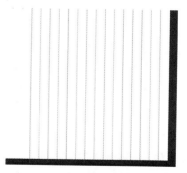

图 4-114 绘制直线    图 4-115 多次复制直线效果    图 4-116 多次复制长直线效果

**4. 文字录入**

输入相应的文字与字母,调节文字与字母的大小及颜色,放置在相应的位置上,如图 4-117 所示。

**5. 叶子的绘制与文字录入**

使用"钢笔工具"绘制叶子与叶柄,绘制后全部选中,右击并执行"编组"命令,按住 Alt 键移动并复制到合适位置。右击并执行"取消编组"命令,对应原稿改变方向,两组绘制完成如图 4-118 所示。选中两组叶子按住 Alt 键移动并复制。接下来按 Ctrl+D 组合键完成多次复制。选中全部绘制完成的叶子并拖曳到我们所绘制的图片上,移动并调整,如图 4-119 和图 4-120 所示。输入相应的文字调整合适的大小与位置,如图 4-121 所示。

图 4-117 文字与字母的录入后效果    图 4-118 叶子的绘制与复制

绿萝（Epipremnum aureum）

图 4-119　绘制完成　　　　图 4-120　全部叶子拖曳到图片上的效果 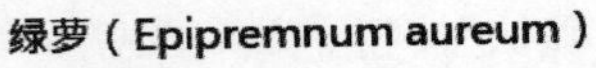　　图 4-121　完成文字输入

### 6. 波浪线的绘制

使用"直线工具"绘制一条直线,"描边"设置为"黑色","宽度"设置为"0.5pt"。选中该直线执行"效果"→"扭曲和变换"→"波纹效果"命令,在打开的"波纹效果对话框中"设置大小为"1.06mm"。"每段的隆起数"为"20","点"选择"平滑",单击"确定"按钮,如图 4-122 所示。按住 Alt 键移动并拖曳调整到合适的位置,如图 4-123 所示。

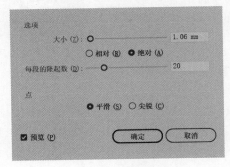

图 4-122　波纹效果

绿萝（Epipremnum aureum）

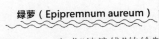

图 4-123　完成"波浪线"的绘制

### 7. 绘制"矩形"及文字录入

使用"矩形工具"绘制一个矩形,颜色填充为"绿色",调节录入文字部分的大小及位置如图 4-124 所示。选中"绿色矩形",按住 Alt 键复制出一个如图 4-125 所示,填充为"白色","描边"为"绿色","描边"选为"虚线",粗细为"3pt",如图 4-126 所示,可得到如图 4-127 所示效果。

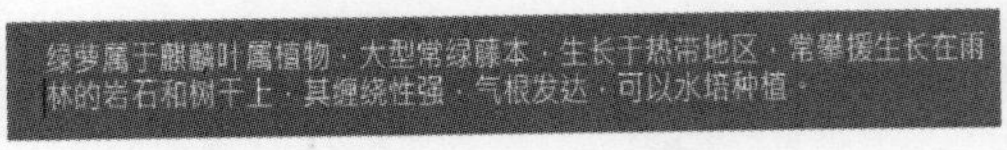

图 4-124　完成文字录入 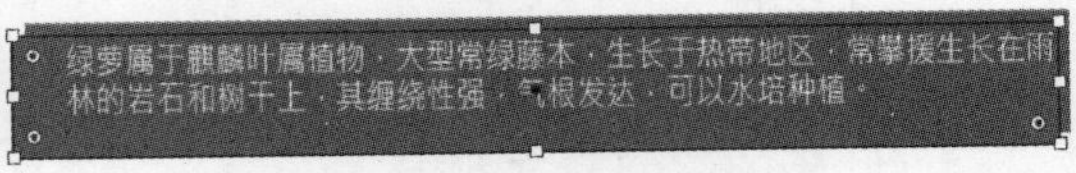　　　　　　　图 4-125　复制矩形框后

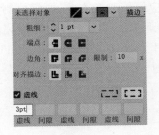

图 4-126　"描边改为虚线"的参数设置 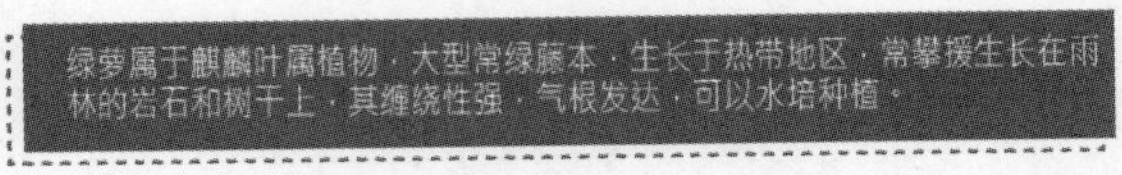　　　　图 4-127　描边为虚线

### 8. 绘制虚线圆及建立剪切蒙版

使用"椭圆工具"绘制一个正圆,"描边"为绿色虚线,无填充。按住 Alt 键移动并复制一个新的正圆,调整位置与大小得到如图 4-128 所示图形。按住 Alt 键移动并复制,调整圆的

大小,执行"文件"→"置入"命令,选择图片素材并缩放这个图片。全部选中并调整两者的位置关系,全部选中,右击并执行"建立剪切蒙版"命令,如图 4-129 所示。使用"矩形工具"绘制一个矩形,填充色为"绿色",调整合适位置大小并输入相应文字,如图 4-130 所示。

图 4-128 绘制虚线圆　　图 4-129 建立"剪切蒙版"(1)　　图 4-130 输入文字后效果

在右上角绘制一个正圆,执行"文件"→"置入"命令,选择相应的图片素材并调整位置大小。选中此正圆,右击并执行"排列"→"置于顶层"命令,并调整图片位置。选中正圆和图片素材,右击并执行"建立剪切蒙版"命令,如图 4-131 所示。把刚才制作好的圆形及植物图片选中,按住 Alt 键向右上方拖曳并复制,右击并执行"排列"→"置于顶层"命令,如图 4-132 所示。选中图案,执行"窗口"→"链接"→"重新连接"命令,如图 4-133 所示。选择相应的图片素材,并调整位置。

图 4-131 建立"剪切蒙版"(2)　　　　图 4-132 新复制一个后的效果

把刚才绘制好的小叶子图片选中,右击并执行"取消编组"命令。按住 Alt 键拖曳并复制一个小叶子,选中新复制的叶子,右击并执行"取消编组"命令,并删掉叶柄。按住 Alt 键复制多个叶子并改变位置与大小,如图 4-134 所示。

图 4-133 重新链接　　　　　图 4-134 复制多个小叶子效果

#### 9．绘制花朵及复制

使用"钢笔工具"绘制花瓣,颜色为"红色"。选中"花瓣",双击"旋转工具",将其"角度"改为"45°",单击"复制"按钮。按住 Alt 键拾取旋转中心,将"角度"改为"60°",单击"复制"按钮。按 Ctrl＋D 组合键多次复制。使用"椭圆工具"绘制一个黄色的正圆,并调整位置。按住 Alt 键拖曳并复制,如图 4-135 所示。使用"文字工具"输入相应文字,并调节字体与文字大小。

使用"矩形工具"绘制一个为绿色的矩形,并输入相应的文字、调节文字大小与位置。使用"椭圆工具"绘制一个绿色填充的正圆。按住 Alt 键移动并复制。按 Ctrl＋D 组合键多次复制。选择"文字工具",输入相应文字并调节大小与位置,如图 4-136 所示。使用"矩形工具"绘制一个矩形。全部选中,按 Ctrl＋7 组合键建立"剪切蒙版",这样就完成了所有绘制,如图 4-137 所示。

图 4-135　绘制花瓣　　　　图 4-136　绘制文字及图形

图 4-137　最终效果图

植物宣传单.mp4

# 项目 五

# 图书封面的设计——图形创意在图书封面中的应用

 **项目导读**

书籍是人类文明进步的阶梯,人类的智慧积淀、流传与延续都要依靠书籍,书籍带给人们知识与力量。古人云:"士大夫三日不读书,则义理不交于胸中,对镜觉面目可憎,向人亦语言无味。"足见书籍作为精神食粮有多大的教育启迪作用。书籍作为文字、图形的一个载体的存在是不能没有装帧的。书籍的装帧是一个和谐的统一体,应该说有什么样的书就有什么样的装帧与它相适应。在我国,通常把书籍装帧设计称为书的整体设计或书的艺术设计。

封面设计在一本书的整体设计中具有举足轻重的地位。图书与读者见面,第一个眼就依赖于封面。封面是一本书的"脸面",是一位不说话的"推销员"。好的封面设计不仅能招徕读者,使其一见钟情,而且耐人寻味,令人爱不释手。封面设计的优劣对书籍的社会形象有着非常重大的意义。封面设计一般包括书名、编著者、出版社名等文字,以及体现书的内容、性质、体裁的装饰形象、色彩和构图。

## 一、封面的构思设计

首先应该确立表现的形式,即要为书的内容服务的形式,用最感人、最形象、最易被视觉接受的表现形式。所以封面的构思就显得十分重要,要充分弄通书稿的内涵、风格、体裁等,做到构思新颖、切题,有感染力。构思的过程与方法大致可以有以下几种。

**1. 想象**

想象是构思的基点,想象以造型的知觉为中心,能产生明确的有意味的形象。我们所说的灵感,也就是知识与想象的积累与结晶,它对设计构思来说是一个开窍的源泉。

**2. 舍弃**

构思的过程往往"叠加容易,舍弃难",构思时往往想得很多,堆砌得很多,对多余的细节爱不忍弃。对不重要的、可有可无的形象与细节,坚决忍痛割爱。

**3. 象征**

象征性的手法是艺术表现最得力的语言,用具象形象来表达抽象的概念或意境,也可用抽象的形象来意喻具体的事物，都能为人们所接受。

### 4．探索创新

流行的形式、常用的手法、俗套的语言要尽可能避开不用。熟悉的构思方法，常见的构图方法，习惯性的技巧，都是创新表现的大敌。构思要新颖，就需要不落俗套，标新立异。要有创新的构思就必须有孜孜不倦的探索精神。

## 二、封面的文字设计

封面文字中除书名外，均选用印刷字体。所以，在这里我主要介绍书名的字体。常用于书名的字体分三大类：书法体、美术体、印刷体。

### 1．书法体

书法体笔画间追求无穷的变化，具有强烈的艺术感染力和鲜明的民族特色以及独特的个性，且字迹多出自社会名流之手，具有名人效应，受到广泛的喜爱。如《求是》《读者》等书刊均采用书法体作为书名字体，如图5-1和图5-2所示。

图 5-1　《求是》杂志封面　　　　　　图 5-2　《读者》杂志封面

### 2．美术体

美术体又可分为规则美术体和不规则美术体两种。前者作为美术体的主流，强调外形的规整，其点划变化统一，具有便于阅读便于设计的特点，但较呆板。不规则美术体则有所不同。它强调自由变形，无论从点画处理或字体外形均追求不规则的变化，具有变化丰富、个性突出、设计空间充分、适应性强、富有装饰性的特点。不规则美术体与规则美术体及书法体比较，它既具有个性又具有适应性，所以许多书刊均选用这类字体，如《瑞丽家居设计》、国外的 *ELLE* 等，如图5-3、图5-4所示。

### 3．印刷体

印刷体沿用了规则美术体的特点。早期的印刷体较呆板、僵硬，现在的印刷体在这方面有所突破，吸纳了不规则美术体的变化规则，大大丰富了印刷体的表现力，而且借助计算机使印刷体处理上既便捷又丰富，弥补了其个性上的不足。如《译林》《中国国家地理》等刊物均采用印刷体作为书名字体，如图5-5、图5-6所示。

图 5-3　《瑞丽家居设计》封面

图 5-4　*ELLE* 杂志封面

图 5-5　《译林》杂志封面

图 5-6　《中国国家地理》杂志封面

　　有些国内书籍刊物在设计时会将中、英文刊名加以组合,形成独特的装饰效果。如《世界知识画报》用英文"W"和中文刊名的组合形成自己的风格。刊名的视觉形象并不是一成不变地只能使用单一字体、色彩、字号来表现,把两种或以上的字体、色彩、字号组合在一起会令人耳目一新。

## 三、封面的图片设计

　　封面的图片以其直观、明确、视觉冲击力强、易与读者产生共鸣的特点成为设计要素中的重要部分。图片的内容丰富多彩,最常见的是人物、动物、植物、自然风光,以及一切人类活动的产物。

　　图片是书籍封面设计的重要组成部分,它往往在画面中占很大比例,成为视觉中心,所以图片设计尤为重要。一般青年杂志、女性杂志均为休闲类书刊,它的标准是大众审美,通常选择当红影视歌星、模特的图片做封面;科普刊物选图的标准是知识性,常选用与大自然有关的或先进科技成果的图片;而体育杂志则多选择体坛名将及竞技场面图片;新闻杂志较多选择新闻人物和有关场面，它的标准既不是年轻美貌，也不是科学知识，而是新闻价值；摄影、美术刊物的封面多选择优秀摄影和艺术作品，它的标准是艺术价值。

### 四、封面的色彩设计

封面的色彩处理是设计的重要一环。得体的色彩表现和艺术处理能在读者的视觉中产生夺目的效果。色彩的运用要考虑内容的需要，用不同色彩对比效果来表达不同的内容和思想。在对比中寻求统一协调，以间色互相配置为宜，使对比色统一于协调之中。书名的色彩运用要有一定的分量，纯度如不够就不能产生显著夺目的效果。另外，绘画色彩除了用于封面外，还可用作装饰性的色彩表现。文艺书封面的色彩不一定适用教科书，教科书、理论著作的封面色彩也不一定适合儿童读物。要辩证地看待色彩的含义，不能形而上学地使用。

一般来说，幼儿刊物色彩的设计，要针对幼儿单纯、天真、可爱的特点，色调往往处理成高调，减弱各种对比的力度，强调柔和的感觉；女性书刊的色调可以根据女性的特征，选择温柔、妩媚、典雅的色彩系列；体育杂志的色彩则强调刺激、对比、追求色彩的冲击力；而艺术类杂志的色彩就要求具有丰富的内涵，要有深度，切忌轻浮、媚俗；科普书刊的色彩可以强调神秘感；时装杂志的色彩要新潮，富有个性；专业性学术杂志的色彩要端庄、严肃、高雅，体现权威感，不宜强调高纯度的色相对比。

在色彩配置上，除了要协调外，还要注意色彩的对比关系，包括色相、纯度、明度对比。封面上没有色相冷暖对比，就会感到缺乏生气；没有明度深浅对比，就会感到沉闷而透不过气来；没有纯度鲜明对比，就会感到古旧和平俗。我们要在封面色彩设计中掌握住明度、纯度、色相的关系，同时用这三者关系去认识和寻找在封面设计时产生弊端的缘由，以便提高色彩修养。

本项目旨在训练学生图书封面产品的设计与制作能力。根据图书内容把握图书封面设计风格，选择适当的字体、颜色、版式等表现形式，优化图书封面设计。

 项目学习目标

**1．素质目标**

本项目旨在训练学生能够根据客户需求，利用合适的工具和命令设计出相应风格的图书封面产品。本项目注重学生审美能力的提升。

**2．知识目标**

（1）了解各类图书的尺寸。

（2）掌握文字的输入与编辑。

（3）了解各种图形元素在图书封面设计中的作用。

（4）了解图书封面设计与印刷及印后加工方式的关系。

**3．能力目标**

能使用横排或者竖排文字工具输入文字，能够根据产品设计风格要求对文字进行字间距、行间距、字体、字号、对齐等方面的编辑。

 项目实施说明

本项目需要的硬件资源有计算机、联网手机；软件资源有 Windows 7（或者 Windows 10）操作系统、Illustrator CC 2018 及以上版本、百度网盘 App。

# 任务一　图书封面的设计与制作

## 一、任务描述

通过本次任务,学生能够根据图书风格,利用所给素材,按照一定的风格与印刷要求设计图书封面。

## 二、学习目标

素材.rar

（1）了解各类图书的尺寸。

（2）掌握文字的输入与编辑。

（3）了解各种图形元素在图书封面设计中的作用。

（4）了解图书封面设计与印刷及印后加工方式的关系。

（5）能使用横排或者竖排"文字工具"输入文字,能够根据产品设计风格要求对文字进行字间距、行间距、字体、字号、对齐等方面的编辑。

（6）能够结合文字内容搜索合适的图片素材。

## 三、任务实施

**步骤一　了解纸张、图书尺寸与性能**

**1. 原纸尺寸**

常用印刷原纸一般分为卷筒纸和平板纸两种。

（1）根据国家标准 GB 147—2020 的规定,卷筒纸的宽度尺寸为(单位：mm)：1575、1562、1400、1092、1280、1000、1230、900、880、787 等。

（2）平板纸幅面尺寸为(单位：mm)：880×1230(M)、1000×1400(M)、900×1280(M)、889(M)×1194、900(M)×1280、787(M)×1092。在实际生产中,人们常用的两种单张纸分别称为正度纸、大度纸。通常将幅面为 787mm×1092mm 的全张纸称为正度纸；将幅面为 889mm×1194mm 的全张纸称为大度纸,如图 5-7 所示。

图 5-7　原纸类型：卷筒纸、单张纸

**2. 纸张纹路**

通常人们在描述纸张尺寸时,其书写顺序是先写纸张的短边,再写长边。此外,纸张在制造过程中,会产生纤维组织的排列方向,分为纸张的纵向、横向。纸张的纵向用 M 表示,放置于尺寸之后。例如 880mm×1230(M)mm、880(M)mm×1230mm 等。

**3. 书籍的尺寸(开本)**

开本是指书刊幅面的规格大小,即一张全开的印刷用纸可以裁切成多少个页面。通常把一张按国家标准分切好的平板原纸称为全开纸(图5-8和图5-9)。在以不浪费纸张,并且便于印刷和装订的前提下,把全开纸裁切成面积相等的若干小张称为开数。一张原纸对折一次成为2张(4页),这叫作对开;当再度对折以后,折成为4张(8页),这叫作4开;当再度对折以后,折成为八张(16页),这叫作8开;当再度对折以后,折为16张(32页),这叫作16开;以此类推等,这就是书籍尺寸大小的由来。所以,我们对书籍尺寸的称呼一般为16开、32开等。常用的纸张的规格有两种,一种是A型纸,一种是B型纸。

A型纸的尺寸为:841mm×1189mm

B型纸的尺寸为:1000mm×1414mm

我们通常说的A4(大16开)纸的大小,就是A型纸对折4次的大小,为210mm×297mm。而对于书籍的尺寸而言,还要减去裁切掉的部分。常见的书籍尺寸有以下4种。

16开:260mm×185mm

大16开:210mm×285mm

32开:184mm×130mm

大32开:204mm×140mm

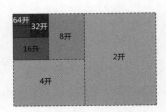

图5-8　纸张开数示意图

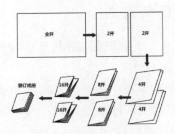

图5-9　书籍开数示意图

**4. 开本的差异**

由于国际、国内的纸张幅面有几个不同系列,因此虽然它们都被分切成同一开数,但其规格的大小却不一样。尽管装订成书后,它们都统称为多少开本,但书的尺寸却不同。例如:787mm×1092mm的全开纸,做成32开是130mm×185mm;而889mm×1194mm的全开纸,做成32开是145mm×210mm,两者差距较大。

在一般情况下纸张都是以几何级数方法划分开本,如全开、对开、四开、八开、十六开、三十二开、六十四开等,均是2的倍数。当纸张不按2的倍数裁切时,其按各小张横竖方向的开纸法又可分为正切法和叉开法。正切法是指全开纸按单一方向的开法,即一律竖开或者一律横开;叉开法是指全张纸横竖搭配的开法,通常在正开法裁纸有困难的情况下使用,如图5-10所示。

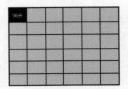
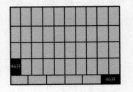

图5-10　纸张的正切法和叉开法示意图

**5．书籍的分类**

按照装订方式,常见的书籍可分为平装和精装两大类。

（1）平装又包含骑马订、平订、锁线胶订及无线胶订几种,图 5-11 所示为平装书的装订方式。

（2）精装,如图 5-12 所示为精装书的装订方式。

图 5-11　平装书的装订方式

图 5-12　精装书的装订方式

书籍的常用部分名称,如图 5-13 所示。

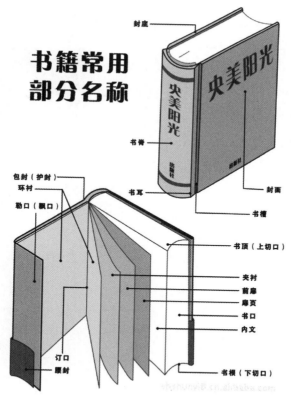

图 5-13　书籍常用部分名称

**6．书籍封面尺寸的计算**

一本书的尺寸,一般是指封面加上封底的尺寸。如果不是骑马订,还要加上书脊的尺寸。如果有勒口,则还需要加上勒口的尺寸。下面,我们以设计制作一本大 16 开的图书封面为例,分别了解一下不同情况的尺寸计算。

（1）骑马订,封面(含封底,下同)的尺寸应为:420mm×285mm,如图 5-14 所示,其实物书籍如图 5-15 所示。

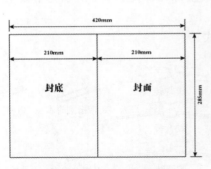

图 5-14　骑马订示意图

图 5-15　骑马订书籍

（2）平装胶订,书的厚度,也就是脊的尺寸为 10mm,则封面的尺寸应为:(420+10)mm×285mm,即 430mm×285mm,如图 5-16、图 5-17 所示。

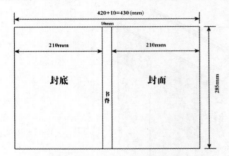

图 5-16　平装胶订示意图

图 5-17　平装胶订书籍

（3）平装胶订(带勒口),勒口的尺寸为 50mm,则封面(含封底,下同)的尺寸应为:(420+10+50×2)mm×285mm,即 530mm×285mm。如图 5-18 和图 5-19 所示。

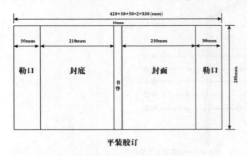

图 5-18　平装胶订(带勒口)示意图

图 5-19　平装胶订(带勒口)书籍

**步骤二　图书封面设计风格的确定**

简单来说,封面就是一本书的脸,它可以不用说话就可以很好地将书推销出去。好的封面设计不仅能招来读者,而且会让读者爱不释手,它在一本书的设计中有着举足轻重的地位。

　　如何让你的书籍在成千上万的出版物中脱颖而出呢？一个出色的封面设计尤为重要，常见的书籍封面设计风格主要有以下几种。

　　（1）凹凸印刷效果的书封设计。这样的书封设计会给人不一样的触感，当然，这种设计也要区别于常规的纸张材料，如图 5-20 所示。

　　（2）简约主义风格的书封设计。这种设计是当下书籍封面设计的潮流，可以借鉴到自己的设计中来，如图 5-21 所示。

图 5-20　凹凸印刷效果的书封

图 5-21　简约主义风格的书封

　　（3）黑暗中发光的书封设计。这种设计非常吸引人，非常有趣而且让人印象深刻，如图 5-22 所示。

　　（4）抽象风格的书封设计。将抽象元素应用到书籍封面设计中，能很好地引起读者的好奇心，而去打开并一探究竟，如图 5-23 所示。

图 5-22　黑暗中发光的书封

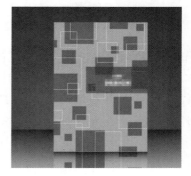

图 5-23　抽象风格的书封

　　（5）照片书封设计。摄影师经常会将气场十足的照片作为书的封面来推介图书。尤其是黑白照片的应用，会使书封带有浓重的个人情绪，如图 5-24 所示。

　　（6）复古风格的书封设计。带有怀旧气息的，古典印刷风格的书籍封面设计，"套色"的应用会让书封设计带有浓重的科技味道，如图 5-25 所示。

　　（7）黑白简约书封设计。仅使用黑色和白色来进行设计，是一种大胆但出彩的设计，如图 5-26 所示。

　　（8）手绘、手写效果书封设计。无论是手绘的图形，还是手写的文字，都会给书籍封面设计增加浓重的个人色彩，如图 5-27 所示。

图 5-24　照片书封

图 5-25　复古风格的书封

图 5-26　黑白简约的书封

图 5-27　手绘效果书封

（9）幽默风格的书封设计。用幽默的方式，让你的书籍与众不同，如图 5-28 所示。

（10）俏皮的书封设计。有一些设计，仅仅是可爱的、俏皮的，会引起读者的会心一笑。

书籍的封面设计并不是一件容易的事情，要想让自己的书籍脱颖而出，就必须找到跟自己书籍内容最贴切的书籍封面设计的风格，从而达到较好的吸引读者的效果，如图 5-29 所示书籍《中国徐州》的封皮设计充满了中国传统纹样和中国传统色。

图 5-28　幽默风格的书封

图 5-29　中国风书封

### 步骤三　图书封面图形创意设计

由于本课程主要的学习内容为图形创意设计,所以我们选取以上 10 种风格类型书籍封面中的"抽象风格的书封设计"和"杂志封面设计"作为本项目的主要任务。

摄影画册书封设计的平面图和效果图如图 5-30、图 5-31 所示。

　　　图 5-30　摄影画册平面图　　　　　　　　　　　图 5-31　摄影画册效果图

本画册封面主要有以下几个方面的设计制作要点。

(1) 装订方式:平装胶订。

(2) 书刊尺寸:230mm×230mm;书脊:15mm。

① 新建文件。文件尺寸设置如下:"宽"为"475mm","高"为"230mm";"出血"设置为上、下、左、右各"3mm";其"颜色模式"为"CMYK 颜色","光栅效果"为"高(300dpi)",如图 5-32 所示。

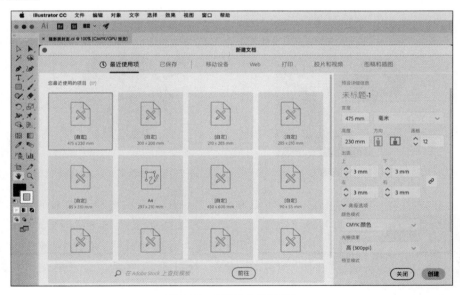

图 5-32　"新建文件"参数

② 设置"辅助线"。按照书籍尺寸分别在 230mm 和 245mm 处添加辅助线。添加辅助线的作用是将画板分为封底、书背和封面三个区域,方便我们进行图文设计,如图 5-33 所示。

③ 设计制作。设计制作过程详见二维码所示的教学视频,下面就本例涉及的知识点及技能点作简要陈述。

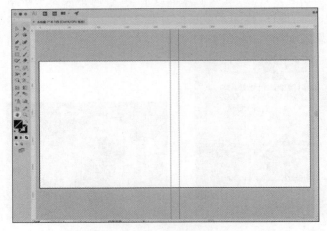

图 5-33　添加辅助线　　　　　　　　书刊封面的设计与制作(素材及视频)

## 【知识拓展】

(1)利用"路径查找器"中的"分割"命令进行几何图形的绘制。

本例中我们要绘制一个光圈图形,如图 5-34 所示。这个图形可以看成是一个正六边形被 6 条线分割得到的结果,如图 5-35 所示,分割后我们删掉中间的小六边形,再把相邻的小图形进行"联集"操作,如图 5-36 所示,就得到了我们想要的图形。

图 5-34　光圈图形

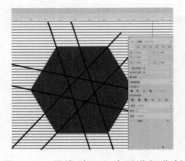

图 5-35　用线对正六边形进行分割

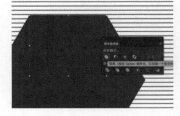

图 5-36　"联集"操作

(2)蒙版的使用。使用蒙版可以使蒙版内的图像或图形只在蒙版内显现。将图像置于下方,用于制作蒙版的图形置于上方,然后将二者同时选中,执行"对象"→"剪切蒙版"→"建立"命令,如图 5-37 所示。会得到如图 5-38 所示的效果。

(3)"不透明度"的设置。本例中,封面中几个不同的三角形中的图像呈现了不同的色彩,如图 5-39 所示,我们是靠在图像上添加一个同样形状不同色彩的三角形,然后通过改变上方三角形的"不透明度"来透出下方图像,如图 5-40 所示。

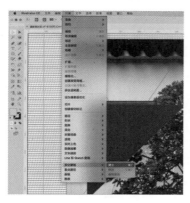

图 5-37　"建立蒙版"命令

图 5-38　建立蒙版后

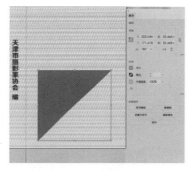

图 5-39　封底部分的三角形

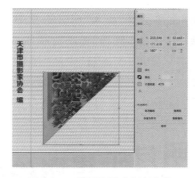

图 5-40　"不透明度"的改变

剩余几个三角形等其他图像的处理均采用以上方法,最后在不同位置加上相应文字即可。

一、明月千里摄影机构宣传册

1. Logo 设计

选择"椭圆工具",按住 Shift 键绘制一个正圆,填充色设为"白色",描边颜色设置为"无"。执行"文件"→"置入"命令,并置入"海鸥图片"。执行"对象"→"图像描摹"→"建立并扩展"命令,效果如图 5-41 所示。

使用"直接选择工具"选中海鸥中黑色部分并删除。使用"编组选择工具"选中海鸥的外轮廓并按 Ctrl+C 组合键复制,按 Ctrl+F 组合键粘贴到前面,就得到了海鸥的图形,如图 5-42 所示。

图 5-41　"图像描摹"后效果

图 5-42　效果图

　　将其放大并拖动到和圆形重叠的合适位置(翅膀稍超过圆形)。同时选中二者,执行"窗口"→"路径查找器"→"减去顶层"命令,再将其他多余的部分删除,效果如图5-43所示。

　　再加上文字,Logo就完成了,效果如图5-44所示。

图 5-43　减去顶层并删除其他多余部分后效果　　图 5-44　Logo 效果

　　2.倾斜文字

　　使用"文字工具"输入"明月千里影像机构",并设置合适的字体和字号。

　　方法一:右击,执行"变换"→"倾斜"命令。

　　方法二:使用"工具箱"中的"倾斜工具",效果如图5-45所示。

　　3.绘制图形

　　使用"钢笔工具"绘制一个三角形,填充色设为"土黄色",取消"描边"颜色。使用 Ctrl+C 和 Ctrl+V 组合键复制图形,放到旁边备用,效果如图5-46所示。

图 5-45　倾斜文字　　　　　　　　图 5-46　复制图形

　　4.置入图片

　　执行"文件"→"置入"命令,将图片素材置入文件中。使用"钢笔工具"绘制需要的图形。同时选中绘制好的图形和置入的图片,右击并执行"建立剪切蒙版"命令(图形需要在图片的上方),效果如图5-47所示。

　　5.最终效果

　　重复上述步骤,置入图片并输入文字,最终效果如图5-48所示。扫描二维码可分别查看其宣传册视频和素材。

图 5-47　建立剪切蒙版　　　　　　图 5-48　最终效果

"明月千里影像机构"宣传册.rar

二、抽象风格封面设计

1. 主题图形的绘制

（1）新建一个文件,设置其"宽"为"430mm","高"为"285mm","出血"的上、下、左、右各设置为"3mm","颜色模式"为 CMYK 颜色,光栅效果为"高（300dpi）",如图 5-49 所示。

图 5-49　"新建文件"参数设置

（2）在左侧标尺中拖曳出一条参考线,选择"变换"命令;"X"设为"210mm",如图 5-50 所示。双击"选择工具",其水平方向设为"10mm",单击"复制"按钮,得到如图 5-51 所示效果。

图 5-50　"变换"的参数设置

图 5-51　复制一条辅助线

（3）按 Ctrl＋Shift＋P 组合键置入做好的效果图,并按 Ctrl＋2 组合键将其锁定。

（4）选择"矩形工具"绘制一个矩形。选择"吸管工具"命令吸取红色,按 Ctrl＋C 和 Ctrl＋F 组合键在原位置复制。按 Shift＋Alt 组合键等比例缩小。把矩形缩小一定角度;把两个图形选中,打开"路径查找器"面板,如图 5-52 所示。执行"减去顶层"命令,得到如图 5-53 所示图形。按住 Alt 键进行复制、移动,并吸取相应的颜色。

图 5-52 "路径查找器"面板

图 5-53 减去顶层后的矩形

2. 书脊和封底部分的绘制

(1) 选择"矩形工具"创建一个矩形的蒙版,设置"宽度"为"436mm","高度"为"291mm"。左上角"变换"的参考点"X"为"—3","Y"为"—3",选中"参考线"并隐藏掉;选中所有图形,执行"对象"→"剪切蒙版"→"建立"命令,按住 Ctrl+;组合键显示"参考线",在"参考线"位置绘制一个矩形,其"X"为"210mm","Y"为"—3mm",颜色设为白色,如图 5-54 所示。

(2) 绘制一个 213mm×291mm 的矩形,将"不透明度"设为"70%",如图 5-55 所示。

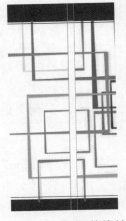

图 5-54 "书脊"的绘制

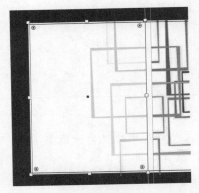

图 5-55 绘制"不透明度"为 70% 的矩形

(3) 重复以上操作步骤,完成如图 5-56 所示的矩形绘制。

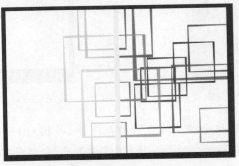

图 5-56 完成矩形的绘制

3. 文字的设计与制作

选择"文字工具"完成相应的文字绘制,最终可以得到如图 5-57 所示图形。

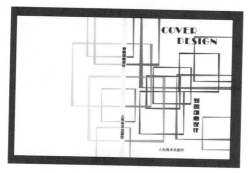

图 5-57　最终效果

抽象风格书封设计教学视频压缩.mp4

# 任务二　杂志封面的设计与制作

## 一、任务描述

通过本次任务,让学生能够利用所给素材、按照一定的风格与印刷的要求设计杂志封面。

**1. 设计制作要求**

（1）装订方式:骑马订。

（2）书刊尺寸:210mm×285mm。

**2. 完成效果**

封面展开图与效果图分别如图 5-58、图 5-59 所示。

素材.rar

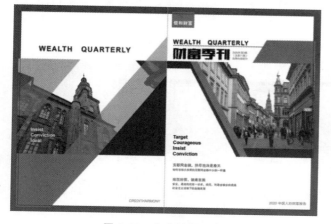

图 5-58　杂志的展开图

图 5-59　杂志效果图

## 二、利用"分割"制作封底效果的关键步骤及知识点

（1）按照封底图形大小及形状绘制出一个矩形和 5 条分割线,如图 5-60 所示。

（2）将矩形及分割线全部选中，执行"路径查找器"→"分割"命令，如图 5-61 所示，得到如图 5-62 所示的效果。

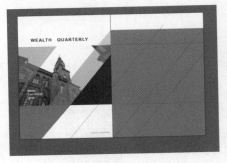

图 5-60　绘制矩形及分割线

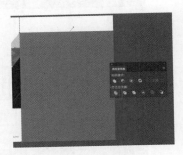

图 5-61　执行"分割"命令

（3）使用"直接选择工具"选中不需要的部分并删掉，如图 5-63 所示。

图 5-62　分割后的效果

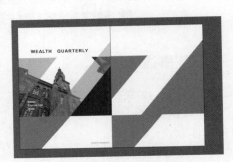

图 5-63　删除掉多余的部分

（4）使用"直接选择工具"选中需要合并的部分，执行"形状模式"→"联集"命令，合并图形，如图 5-64 所示。

（5）设置各形状色块的颜色及透明度，如图 5-65 所示。

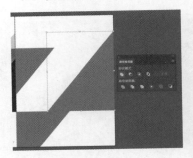

图 5-64　合并图形

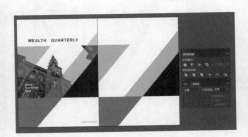

图 5-65　设置颜色及透明度

杂志封面的设计与
制作（素材及视频）

## 三、任务拓展　"云上天津"摄影图册

### 1. 胶片效果

使用"矩形工具"绘制一个矩形，"填色"为"深棕色"，描边颜色设为"无"。使用"圆角矩

形工具"绘制一个圆角矩形,通过拖动圆角矩形四周的圆点来调整其圆角的大小,"填色"为"白色",描边颜色设为"无",效果如图 5-66 所示。

选中白色圆角矩形,按住 Shift 键和 Alt 键水平拖动,按 Ctrl+D 组合键连续复制一排。将刚复制的一排矩形全部选中,按住 Alt 键拖动再复制一排,效果如图 5-67 所示。

图 5-66    调整圆角大小后的效果

图 5-67    绘制两排圆角矩形效果图

将所有的白色圆角矩形同时选中,执行"对象"→"复合路径"→"建立"命令。同时选中深棕色矩形和圆角矩形,执行"窗口"→"路径查找器"→"减去顶层"命令。

使用"矩形工具"绘制矩形,"填色"设为"白色",描边颜色设为"无"。使用同样的步骤进行复制。全选复制后的矩形,进行"水平居中分布",效果如图 5-68 所示。

置入图片素材,右击并执行"后移一层"命令(使矩形在图片上方)。同时选中矩形和图片,右击并执行"建立剪切蒙版"命令,效果如图 5-69 所示。

图 5-68    效果图(1)

图 5-69    效果图(2)

重复上述步骤,置入其他图片素材。

使用"文字工具"输入文字"云上天津"。设置合适的字体和字号。右击并执行"创建轮廓"命令。右击并执行"取消编组"命令。执行"文件"→"置入"命令,置入图片素材。右击并执行"排列"→"后移一层"命令(使图片在下面)。同时选中轮廓化后的文字和图片,右击并执行"建立剪切蒙版"命令,效果如图 5-70 所示。

**2. 置入底图**

执行"文件"→"置入"命令,置入底图素材,调整其"不透明度",效果如图 5-71 所示。

图 5-70    效果图(3)

图 5-71    调整"不透明度"后效果

**3. 最终效果**

置入其他素材并输入文字,最终效果如图 5-72 所示。扫描二维码可查看其视频及素材。

图 5-72　最终效果

云上天津摄影图册(视频及素材)

# 项目六

# 海报的设计与制作

## 项目导读

　　海报是常见的印刷产品，广泛应用于宣传、活动、促销等各种情形和场合。本项目旨在训练学生海报的设计与制作能力。

## 项目学习目标

　　**1. 素质目标**

　　本项目旨在训练学生能够根据客户需求，利用合适的工具和命令设计制作出相应风格的海报。本项目注重学生审美情趣的提升。

　　**2. 知识目标**

　　(1) 了解海报的概念及分类。

　　(2) 掌握文字的输入与编辑。

　　(3) 了解各种图形元素在海报设计中的作用。

　　(4) 了解海报设计与印刷及印后加工方式的关系。

　　**3. 能力目标**

　　(1) 能使用横排或者竖排文字工具输入文字，能够根据产品设计风格要求对文字进行字间距、行间距、字体、字号、对齐等方面的编辑。

　　(2) 能够利用各种图形、图像及色彩的搭配设计不同风格的海报。

　　(3) 能够结合文字内容搜索合适的图片素材。

## 项目实施说明

　　本项目需要的硬件资源有计算机、联网手机；软件资源有 Windows 7(或者 Windows 10)操作系统、Illustrator CC 2018(或更高版本)、百度网盘 App。

## 任务一　节气海报的设计与制作

### 一、任务描述

立夏节气标志着夏季的开始,自然界万物生长尤为旺盛,气温明显升高。这个时期的农作物进入生长期,人们开始忙碌于农事活动。本次设计任务围绕立夏的特点展开,利用提供的素材,设计出具有夏日氛围、体现自然生机的海报。海报要符合立夏主题,也要便于阅读理解。

### 二、学习目标

素材.rar

(1) 了解海报的概念及分类。

(2) 掌握文字的输入与编辑。

(3) 了解各种图形元素在海报设计中的作用。

(4) 了解海报设计与印刷及印后加工方式的关系。

(5) 能使用横排或者竖排文字工具输入文字,能够根据产品设计风格要求对文字进行字间距、行间距、字体、字号、对齐等方面的编辑。

(6) 能够结合文字内容搜索合适的图片素材。

### 三、任务实施

**步骤一　了解海报的概念、分类与特点**

**1. 海报的概念**

海报这一名称,最早起源于上海,是一种宣传方式。旧时,海报是用于戏剧、电影等演出及活动的招贴。上海人通常把职业性的戏剧演出称为"海",而把从事职业性戏剧的表演称为"下海"。海报可传达剧目演出信息,是具有宣传性、能招徕顾客的张贴物。也许是因为这个原因,人们便把它叫作"海报"。

**2. 海报的分类**

按照海报的内容及用途大致可分为以下几类。

(1) 广告宣传海报(图 6-1),如产品广告。

(2) 文化宣传海报(图 6-2),如电影、戏剧、演出海报。

(3) 企业宣传海报(图 6-3),如企业形象海报、企业内部海报。

图 6-1　广告宣传海报　　　　图 6-2　文化宣传(电影)海报　　　　图 6-3　企业宣传海报

　　(4) 公益宣传海报(图 6-4),如希望工程、抢险救灾等。
　　(5) 社会活动海报(图 6-5),如招聘海报、学术报告海报等。

图 6-4　公益宣传海报

图 6-5　社会活动海报

**3. 海报的特点**

　　(1) 广告宣传性:希望社会各界的参与,是广告的一种。有的海报加以美术的设计,以吸引更多的人加入活动。海报可以在媒体上刊登、播放,但大部分是张贴于人们易于见到的地方,其广告性色彩极其浓厚。

　　(2) 商业性:海报是为某项活动做的前期广告和宣传,其目的是让人们参与其中。演出类海报占海报的大部分,而演出类广告又往往着眼于商业性目的。当然,学术报告类的海报一般是不具有商业性的。

**步骤二　新建文件**

　　在 Ai 中置入底图素材,如图 6-6 所示。

图 6-6　置入底图

**1. 绘制图形**

选中底图,右击并执行"变化"→"镜像"命令,在打开的对话框中设置"垂直"为"90°",单击"确定"按钮,效果如图 6-7 所示。按 Ctrl+2 组合键将其锁定。

图 6-7　镜像

置入"荷花"素材,按 Ctrl+2 组合键将其锁定。使用"矩形工具"绘制一个稍小于荷花的矩形,在它的四个边角使用"椭圆工具",并按 Shift 键绘制正圆,使正圆的圆心与四个边角的顶点重合,效果如图 6-8 所示。

执行"窗口"→"路径查找器"→"减去顶层"命令,如图 6-9 所示。

按 Ctrl+Alt+2 组合键解锁底图。选中边框,按 Ctrl+C 组合键复制以备用。同时,选中底图和刚刚绘制的边框,右击并执行"建立剪切蒙版"命令,效果如图 6-10 所示。

图 6-8　绘制边框

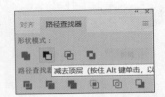

图 6-9　"路径查找器"中的设置

图 6-10　建立剪切蒙版

按 Ctrl+F 组合键粘贴刚刚复制的边框,并设置到前面,执行"对象"→"路径"→"偏移路径"命令,将值设为"7mm",单击"确定"按钮,效果如图 6-11 所示。

将底图的"不透明度"设为"50%",荷花的"不透明度"设为"80%",效果如图 6-12 所示。

使用"文字工具"输入"立夏"。右击并执行"创建轮廓"命令。再次右击并执行"取消编组"命令。将文字进行位移,使"立"和"夏"连接在一起,如图 6-13 所示。

图 6-11　设置"偏移路径"后效果

图 6-12　"不透明度"为"80％"的效果

使用"直接选择工具"对文字进行修改。使用"钢笔工具"在"立"和"夏"中绘制图形并移动到字体的下方,效果如图 6-14 所示。

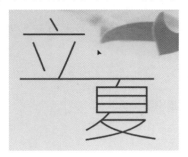

图 6-13　创建轮廓

图 6-14　效果图

使用"直线段工具"绘制六条直线并进行调整。使用"椭圆工具"并按 Shift 键绘制一个正圆,使用"删除锚点工具"将正圆变成半圆并放置到合适的位置。再复制一个半圆,效果如图 6-15 所示。

再依次置入其他素材和文字。

2. 最终效果

最终效果如图 6-16 所示。

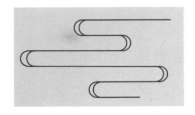

图 6-15　调整正圆为半圆后的效果图

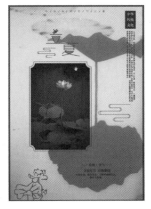

图 6-16　最终效果

立夏节气海报.mp4

## 【知识拓展】

### 传统文化溯源　技能守正创新

颜色是人类打开对世界认知的第一扇门,而中国传统色无疑是我们中国人定义色彩、描绘世界的方式。近年来,我们越发了解到中国传统色的沁人心脾之美,沧浪、暮山紫、远山如黛、东方既白、青梅煮酒等描写中国传统色的词汇都成了大火的网红热词。但若要系统、专业地研究中国传统色其实并不容易,其中一个最大的难点在于,中国传统色自古至今并没有形成一个专业的色谱体系。关于色彩的记录散落在各种典籍里,而且有的颜色在不同朝代的叫法虽一致,但其具体呈现的样貌却各不相同。在这种情况下,中国传统色的研究该如何开展呢?

1. 去大自然里寻找中国传统色

我们古人描述颜色的灵感,有很多都来自天地万物真实存在的颜色,水色、天光、草木、花朵的颜色几乎都能被中国人用作色彩描述,这也让许多中国传统色跟大自然息息相关。即使沧海桑田、逝者如斯,但古人看到的天地万物跟我们现代人看到的天地万物差异并不大。这样我们就能从山的颜色、天的颜色、树木的颜色、河流的颜色、草木的颜色里把中国传统色找回来,如图 6-17 所示。

图 6-17　文化溯源-沧浪色

2. 去文物中寻找中国传统色

古代绘画、器物、服饰上的颜色是中国传统色最为鲜活的存在印证。尽管有些文物发生了变色,但还是能通过科学方法进行还原,找到它过去的模样。

3. 去经史子集里寻找中国传统色

古人的经典著作、诗词歌赋里都有传统色的痕迹。孔子说"君子不以绀緅饰"。这里的"绀"和"緅"都是指颜色。暮山紫、东方既白、天水碧这些如今大热的颜色名也都来自中国传统文学。

## 任务二　校园电台宣传海报

## 一、任务描述

通过本次任务,学生能够利用所给素材、按照一定的风格与印刷的要求设计宣传海报。

设计制作要求如下。

（1）成品尺寸：450mm×600mm。

（2）效果如图 6-18 所示，也可按此风格自行设计制作。

图 6-18　制作完成的效果图

素材.rar

## 二、关键步骤及知识点

**1. 文字的轮廓化及变形**

将文字进行变形，并将文字之间进行一定的关联，是文字设计的常用手法。这种手法会让文字在传递信息的同时具备图形特征，使文字更具有设计感，如图 6-19 所示。

（1）输入文字并通过"轮廓化"命令将其转换为"路径"，取消"组合"设置（使每个文字成为单独的"路径"），如图 6-20、图 6-21 所示。

图 6-19　文字变形设计（1）

图 6-20　文字的"轮廓化"

（2）使用"直接选择工具"选择"开"字上边的横的最左边两个点，并拖曳到"新"字右侧的"斤"字处，并将"斤"字上方的撇删除，如图 6-22 所示。

（3）将"始"字下移，使其"女"字旁的横与"开"字第二横对齐，用同样的方法将"开"字与"始"字连接在一起，如图 6-23 所示。

图 6-21　文字变形设计（2）

图 6-22　文字变形设计（3）

**2. 相邻图形的绘制**

本案例海报下方采用的各种几何图形的排列中,最重要的是相邻图形的处理,如图 6-24 所示。

图 6-23　文字变形后效果

图 6-24　相邻几何图形的排列

可以采用以下的方法。

（1）先绘制出一个三角形,然后将其复制并原位粘贴（使用"编辑"菜单中的"贴在前面" 命令）,如图 6-25、图 6-26 所示。

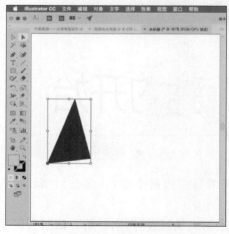

图 6-25　绘制三角形

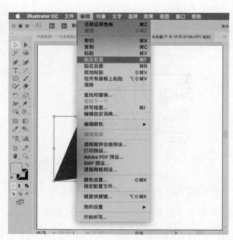

图 6-26　原位复制三角形

（2）使用"直接选择工具"选中三角形左下角的顶点，然后向右上方拖动，得到第二个相邻的三角形，并填充为另外的颜色，如图 6-27 所示。

### 3. 教学视频

扫描二维码可查看海报的制作过程。

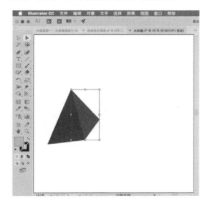

图 6-27　绘制第二个相邻的三角形　　　　校园之声电台宣传海报.mp4

## 三、任务拓展　毕业季海报设计

### 1. 新建文件

在 Ai 中置入底图素材，如图 6-28 所示。

图 6-28　置入底图

### 2. 设计字体

使用"文字工具"输入"青春"，"填色"为"橘黄色"，描边颜色设为"无"。右击并执行"创建轮廓"命令，如图 6-29 所示。

使用"删除锚点工具"删除锚点，效果如图 6-30 所示。

图 6-29    创建轮廓

图 6-30    删除锚点

使用"直线段工具"绘制直线段,效果如图 6-31 所示。

选中"青春"二字,右击并执行"取消编组"命令。使用"直接选择工具"将"青春"连接起来,效果如图 6-32 所示。

图 6-31    直线段工具

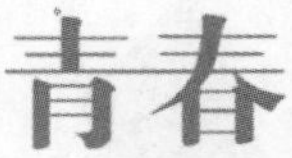

图 6-32    将"青"与"春"连接

使用"直接选择工具"和"螺旋线工具"绘制,效果如图 6-33 所示。

对文字"毕业季"重复上述操作。执行"窗口"→"画笔"→"菜单"→"打开画笔库"→"装饰"→"典雅的卷曲和花形画笔组"命令,再使用"画笔工具"绘制想要的花纹,效果如图 6-34 所示。

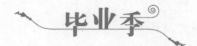

图 6-33    "螺旋线"工具绘制效果

图 6-34    绘制花纹后效果

### 3. 绘制图形

选择"多边形工具",在画板中单击,在弹出的窗口中将"半径"设为"6",单击"确定"按钮。取消填充色,描边色改为白色,"粗细"为"2pt"。使用"椭圆工具"并按住 Shift 键绘制一个正圆,"填色"为"白色"。同时选中六边形和正圆,设置"对齐"为"垂直居中对齐"。右击并执行"编组"命令,效果如图 6-35 所示。

将形状和素材置入原图里,如图 6-36 所示。

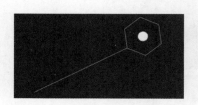

图 6-35    "垂直居中对齐"效果图

图 6-36    将形状和素材置入后的效果图

### 4. 最终效果

再将其他素材依次置入,如图 6-37 所示。扫描二维码可查看毕业季海报制作过程及相关素材。

图 6-37　最终效果

毕业季海报（视频及素材）

# 项目七

# UI设计

 **项目导读**

UI 即 User Interface(用户界面)的简称,是指对软件的人机交互、操作逻辑、界面美观的整体设计,也叫界面设计。它体现在我们生活中的每一个环节,例如开车时用到的方向盘和仪表盘就是 UI 界面,看电视时用到的遥控器和屏幕就是 UI 界面,使用计算机时用到的键盘和显示器也是 UI 界面。于是,我们可以把 UI 分成两大类:硬件界面和软件界面。本项目所关注的 UI 界面特指软件界面,我们也可以称为特殊的或者狭义的 UI 界面。

好的 UI 设计不仅是让软件变得有个性有品位,还要让软件的操作变得舒适、简单、自在,充分体现软件的定位和特点。使用 Illustrator 软件可以设计美观的 UI 界面,从而提升用户的使用体验。本项目主要介绍手机 UI 界面的设计原理与方法。

## 一、界面设计的三个方向

UI 设计从工作内容上来说可分为三个方向,分别是研究界面、研究人与界面的关系、研究人 。

### 1. 研究界面——图形设计师

国内目前大部分 UI 工作者都是从事这个行业。也有人称为美工,但实际上不是单纯意义上的美术工人,而是软件产品的外形设计师。这些设计师大多是美术院校毕业的,其中大部分是有美术设计教育背景的,例如工业外形设计、装潢设计、信息多媒体设计等。

### 2. 研究人与界面的关系——交互设计师

长期以来,在图形界面产生之前,UI 设计师就是指交互设计师。交互设计师的工作内容就是设计软件的操作流程、树状结构、软件的结构与操作规范等。一个软件产品在编码之前需要做的就是交互设计,并且确立交互模型,交互规范。交互设计师一般都是软件工程师背景居多。

### 3. 研究人——用户测试/研究工程师

任何产品为了保证质量都需要测试,软件的编码需要测试,UI 设计自然也需要测试。

这个测试和编码没有任何关系,主要是测试交互设计的合理性以及图形设计的美观性。测试方法一般采用"焦点小组",即用目标用户问卷的形式来衡量 UI 设计的合理性。用户研究工程师这个职位很重要,如果没有这个职位,UI 设计得好坏只能凭借设计师的经验或者领导的审美来评判,这样就会给企业带来严重的风险。

综上所述,UI 设计师就是软件图形设计师、交互设计师和用户研究工程师。

## 二、界面设计涉及的范围及学科

界面设计是一种结合美学、计算机科学、心理学、行为学、人机工程学、信息学以及市场学等的综合性学科,强调将人—机—环境三者作为一个系统进行总体设计。

## 三、界面设计的工作流程

界面设计的工作流程如图 7-1 所示。产品制作人主要负责编写产品计划书。用户体验研究员主要负责调查分析。信息建构师主要负责设计产品架构。交互设计师主要负责出互动流程。视觉设计师主要负责页面的视觉设计。前台工程师主要负责前台功能的开发。后台工程师主要负责后台功能的开发。用户体验研究员主要负责做用户测试并确保质量。

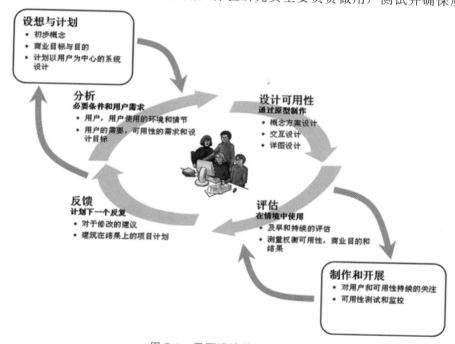

图 7-1 界面设计的工作流程

 项目学习目标

1. 素质目标

通过界面设计培养学生进一步理解人机交互的信息素养,通过精确设定界面各个部分的尺寸与精度培养学生的劳动精神与工匠精神。

**2．知识目标**

（1）了解不同设备界面的尺寸。

（2）了解界面中不同部位的名称与功能。

（3）掌握界面中各个部位的设计尺寸。

（4）掌握 Illustrator 软件精确设定各个部分尺寸与位置的功能。

**3．能力目标**

（1）能够根据项目要求以及风格设定完成界面设计任务。

（2）能够根据用户需求对界面进行修改与提升。

 **项目实施说明**

本项目需要的硬件资源有计算机、联网手机；软件资源有 Windows 7（或者 Windows 10）操作系统、Illustrator CC 2018 及以上版本、百度网盘 App。

# 任务一　教育类 App 界面设计

## 一、任务描述

现有一家教育培训公司想设计一款 App，该公司产品主要以平面设计类教程为主。请为该公司 App 设计用户界面：图文元素尺寸符合要求，风格以清新亮丽为主。图片素材与文字素材均已提供。

## 二、学习目标

素材.rar

（1）能够利用"选择工具"精确定位元素位置。

（2）能够利用"变换面板"确定元素大小。

（3）能够利用"链接面板"快速替换链接图片。

（4）能够利用"颜色面板"精确设定元素颜色。

## 三、任务实施

**步骤一　认识手机界面**

手机界面一般分为状态栏、导航栏、工具栏、Banner，分页器、金刚区、UGC 模块、栏目分类、悬浮广告、推荐位、Tab 栏，如图 7-2 所示。

**步骤二　主页设计**

**1．制作状态栏**

如图 7-3 所示为 Illustrator CC 2018 的新建文件界面。单击"打印"选项，在右侧参数栏设置"名称"为"教育类 UI 设计"，画板"数量"为"1"，"宽度"为"750px"，"高度"为"1334px"，"单位"为"像素"，四边"出血"为"0px"，单击"确定"按钮创建一个空的新文档。

在使用"预设"打开文档之前，可以在右侧窗格中修指定文档的名称和为所选"预设"指定以下选项。

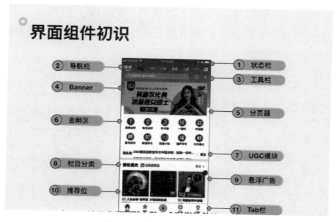

图 7-2　界面的组件划分

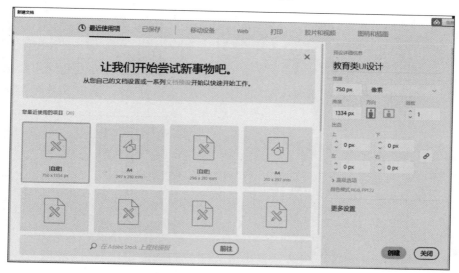

图 7-3　"新建文档"的参数设置

（1）宽度和高度：指定画板的大小，从弹出菜单中选择"单位"。

（2）方向：指定文档的页面方向，横向或纵向。

（3）画板：指定文档中的画板数量。

（4）出血：指定画板每一侧的"出血"位置。要对不同的侧面使用不同的值，可单击"链条"图标以取消尺寸关联。

（5）颜色模式：指定文档的颜色模式：RGB 或 CMYK。更改颜色模式会将选定的新文档配置文件的默认内容（色板、画笔、符号、图形样式）转换为新的颜色模式，从而导致颜色发生变化。

单击"更多设置"以指定其他选项，如图 7-4 所示。

执行"文件"→"置入"命令，置入底图素材，将素材放到画板旁，以便做对照。使用"直线段工具" ，并按住 Shift 键沿着画板顶端绘制一条直线。双击"选择工具" ，"水平"方向改为"0px"，"垂直"方向改为"40px"，单击"确定"按钮，如图 7-5 所示。再双击"选择工具" ，"水平"方向改为"0px"，"垂直"方向改为"88px"，单击"复制"按钮，如图 7-6 所示。再双击"选择工具" ▷ ，"水平"方向改为"0px"，"垂直"方向改为"60px"，单击"复制"按钮，如图 7-7 所示。全选三条直线，按 Ctrl+5 组合键绘制参考线，效果如图 7-8 所示。

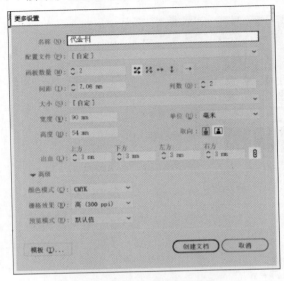

图 7-4 "更多设置"的参数

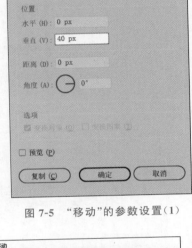

图 7-5 "移动"的参数设置（1）

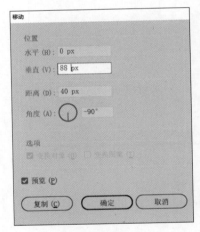

图 7-6 "移动"的参数设置（2）

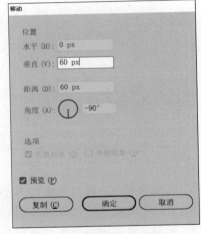

图 7-7 "移动"的参数设置（3）

执行"文件"→"置入"命令，置入"状态栏"素材，放置在画板顶端和第一条参考线中间，如图 7-9 所示。

图 7-8 绘制参考线

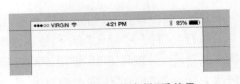

图 7-9 置入"状态栏"后效果

**2．制作搜索区**

使用"圆角矩形工具"  绘制一个圆角矩形，并使用"吸管工具" 吸取原图颜色，"圆角矩形"的具体参数如图 7-10 所示。绘制"参考线"，并放置到图 7-10 的中心点所示位置，效果如图 7-11 所示。

图 7-10 "圆角矩形"的参数设置

图 7-11 位置示意图（1）

双击"选择工具" ，"水平"方向改为"30px"，"垂直"方向改为"0px"，单击"确定"按钮，如图 7-12 所示。

执行"文件"→"置入"命令，置入"搜索"图标，高宽均设为"30px"。输入文字"搜索你喜欢的…"，按住 Alt 键和左右键调整字间距。使用"吸管工具" 吸取文字颜色，文字参数如图 7-13 所示。设置图标和文字之间距离为"10px"，效果如图 7-14 所示。

置入图标素材，调整至合适大小，设置参考线并摆放至距离上下参考线相等的位置，紧贴"画板"右边。双击"选择工具" ，"水平"方向设为"－30px"，"垂直"方向改为"0px"，单击"确定"按钮。使其距离左边的圆角矩形和右边的画板边缘的距离都是"30px"，如图 7-15 所示。

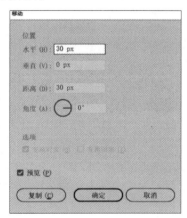

图 7-12 "移动"的参数设置（4）

图 7-13 文字参数

图 7-14 效果图（1）

图 7-15 效果图（2）

**3．制作顶部导航区**

输入文字"最新"，大小为"26pt"。先将文字放置在画板最左边，然后双击"选择工具" ，"水平"方向改为"30px"，"垂直"方向为"0px"。复制"最新"，紧贴原来的文字，双击"选择工具" ，将"水平"方向设为"40px"，"垂直"方向设为"0px"。将其中文字改为"软件入门"，以此类推，完成其他文字的输入及设置。使用"吸管工具" 吸取相应的原图文字颜色，效果如图 7-16 所示。

使用"圆角矩形工具" ▢ 绘制一个圆角矩形,具体参数如图 7-17 所示。使用"吸管工具" ✏ 吸取原图颜色。将圆角矩形紧贴于"最新"文字下方放置,按方向下键↓10 次向下移动 10 个像素,效果如图 7-18 所示。

图 7-16　文字效果示意图　　　　　　　图 7-17　"圆角矩形"参数(1)

图 7-18　效果图(3)

### 4. 制作栏目分类区

输入文字"推荐教程",大小为"42pt",距离左边框为"30px",颜色为"灰蓝色"。使用"圆角矩形工具" ▢ 绘制一个圆角矩形,具体参数如图 7-19 所示。颜色设为"白色"。执行"效果"→"风格化"→"投影"命令,并调整合适参数。双击"选择工具","水平"方向设为"0px","垂直"方向设为"20px",效果如图 7-20 所示。

图 7-19　"圆角矩形"参数(2)　　　　图 7-20　"圆角矩形"参数(3)

使用"圆角矩形工具" ▢ 绘制一个圆角矩形,具体参数如图 7-21 所示,并放到白色圆角矩形上面。使用"吸管工具" ✏ 吸取原图颜色。单击"直接选择工具" ▶,单击圆角矩形左下角和右下角位置的小圆(图 7-22),将角拖动成直角。

置入素材并调整至合适大小。选中素材并右击,执行"排列"→"后移一层"命令,按住 Shift 键同时选中小圆角矩形和素材,右击并执行"建立剪切蒙版"命令。输入文字,字体为苹方常规,大小为"24pt",颜色为"黑色",效果如图 7-23 所示。

图 7-21　位置示意图(2)　　　图 7-22　效果图(4)　　　图 7-23　效果图(5)

全选图 7-23 中素材,按 Ctrl+G 组合键进行编组;按住 Alt 键拖曳并复制刚才选中的全部素材,紧贴原来位置。双击"选择工具" ⯈ ,"水平"方向改为"20px","垂直"方向设为"0px"。选中复制后的素材,执行"窗口"→"链接"→"重新链接"命令,如图 7-24 所示,选择需要更改的素材。更改图中的文字。依次完成后面的效果,如图 7-25 所示。

图 7-24　重新链接

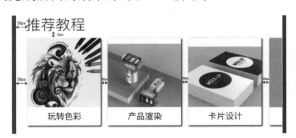

图 7-25　效果图(6)

选中"推荐教程"文字,双击"选择工具" ⯈ ,"水平"方向设为"0px","垂直"方向设为"60px",更改文字内容为"热门课程"。使用"圆角矩形工具" ▢ 绘制一个圆角矩形,紧贴左边框和上面的文字"热门课程",具体参数如图 7-26 所示。双击"选择工具" ⯈ ,"水平"方向设为"30px","垂直"方向设为"20px"。置入素材并调整大小及位置,右击并执行"排列"→"后移一层"命令,同时选中"圆角矩形"和素材,右击并执行"建立剪切蒙版"命令,效果如图 7-27 所示。

图 7-26　"圆角矩形"参数(4)

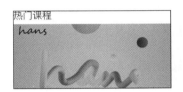

图 7-27　效果图(7)

使用"圆角矩形工具" ▢ 绘制一个宽为"132px",高为"50px","圆角半径"为"4px"的圆角矩形。单击"直接选择工具" ▶ ,单击圆角矩形左下角、右下角和左上角的小圆,如图 7-28 所示,将角拖成直角。双击"渐变工具" ▣ ,其参数设置如图 7-29 所示。输入文字"已订阅",大小为"24pt"。同时选中圆角矩形和文字,设置为"垂直居中对齐"。输入文字"配色练

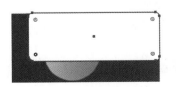

图 7-28　位置示意图(3)

图 7-29　渐变参数

习",先将文字放在"大圆角矩形"并紧贴侧边的左下角位置,再双击"选择工具",将"水平"方向设置为"10px","垂直"方向设置为"-10px",效果如图 7-30 所示。

全选图 7-30 中的圆角矩形及其内的素材,按住 Alt 键复制并拖动到圆角矩形下,双击"选择工具" ▷,将"水平"方向改为"0px","垂直"方向改为"30px"。再更改链接素材以及文字,效果如图 7-31 所示。

图 7-30　效果示意图　　　　　　图 7-31　效果图(8)

5. 制作底部"导航区"

置入"小房子"素材,并调整合适大小,将素材放在紧贴画板左边边缘的位置。双击"选择工具" ▷,"水平"方向设置为"80px","垂直"方向设置为"0px"。将素材拖动到紧贴上面圆角矩形的位置,如图 7-32 所示。使用"矩形工具" □ 绘制一个高"90px",宽"700px"的"矩形",贴着"画板"最下边位置放置。输入文字"主页",大小为"20pt"。双击"选择工具" ▷,"水平"方向设置为"0px","垂直"方向设置为"10px"。更换素材和字体,效果如图 7-33 所示。

图 7-32　位置示意图(4)　　　　　　图 7-33　效果图(9)

最终效果如图 7-34 所示。

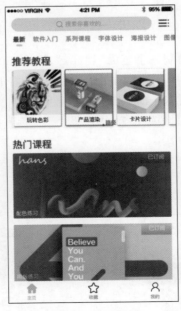

图 7-34　最终效果

### 步骤三 系列课程界面设计

**1. 新建文件**

单击"画板"工具 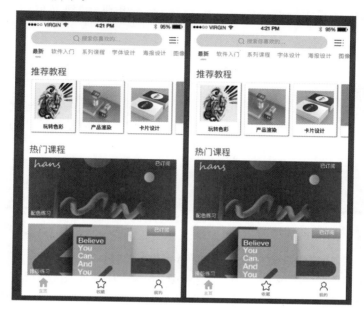，选中之前的画板，按住 Alt 键拖曳一个画板，这样就有两个一样的画板了，效果如图 7-35 所示。

图 7-35 复制画板

**2. 制作"页面"**

全选画板，右击并执行"释放剪切蒙版"命令。使用"编组选择工具" 选中"系列课程"，再使用"吸管工具" 单击"最新"以吸取它的颜色、字体等。使用"编组选择工具"选中"最新"，再使用"吸管工具" 单击"软件入门"以吸取它的颜色、字体等。再按住 Shift 键把"最新"下面的黄色小框拖动到"系列课程"下面，效果如图 7-36 所示。

将中间部分全部选中，按 Delete 键删除。使用"苹方"字体，大小为"42pt"，颜色使用和上一个画板一样的颜色，输入文字。输入完成后将文字放到紧贴"最新"的下面和画板最左边。双击"选择工具"，"水平"方向设置为"30px"，"垂直"方向设置为"66px"，效果如图 7-37 所示。

图 7-36 更改文字颜色

图 7-37 输入文字

使用"圆角矩形"工具 绘制一个宽为"294px"，高为"196px"，圆角半径为"4px"的圆角矩形。完成后，将圆角矩形放到紧贴平面设计的下面和画板最左边，双击"选择工具"，"水平"方向设为"30px"，"垂直"方向设为"20px"。选中这个圆角矩形，按 Ctrl＋C 组合键复制，按 Ctrl＋B 组合键在后方位置粘贴一个圆角矩形，将新的圆角矩形高度设为"350px"。

将两个圆角矩形同时选中,再选中前面的这个,设置"顶端对齐"。将下面的大圆角矩形的颜色改为"白色"。执行"效果"→"风格化"→"投影"命令,具体参数如图 7-38 所示。使用"直接选择工具" ▶ 将小的灰色圆角矩形下边两个端点拖曳为直角。置入图片素材,并调整合适的大小及位置。选中小的灰色圆角矩形,右击并执行"排列"→"置于顶层"命令。同时选中这个圆角矩形和刚刚置入的素材,右击并执行"建立剪切蒙版"命令,效果如图 7-39 所示。

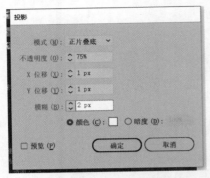

图 7-38 "投影"的参数设置

图 7-39 置入素材

输入其他文字,并设置合适的大小和颜色,效果如图 7-40 所示。

全选图 7-40 中的内容,按 Ctrl+C 组合键复制,按 Ctrl+V 组合键粘贴。双击"选择工具" ▷ ,"水平"方向设为"20px","垂直"方向设为"0px"。执行"窗口"→"链接"→"重新链接" ⚯ 命令,更改其中的图片素材及文字素材。其他位置内容做同理处理,效果如图 7-41 所示。

图 7-40 效果图(1)

图 7-41 效果图(2)

全选图 7-41 中的内容,按 Ctrl+C 组合键复制,按 Ctrl+V 组合键粘贴。双击"选择工具" ▷ ,"水平"方向设为"0px","垂直"方向设为"474px"。再使用刚刚相同的步骤完成下面的部分,效果如图 7-42 所示。

使用"矩形工具" ▢ 绘制一个宽为"750px",高为"1334px"的矩形。将这个矩形和画板对齐。全选矩形和画板中的内容,右击并执行"建立剪切蒙版"命令,效果如图 7-43 所示。

图 7-42 效果图(3)

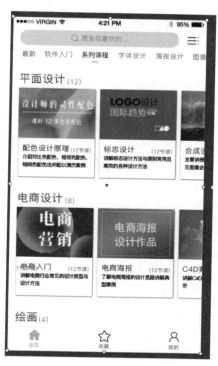

图 7-43 建立"剪切蒙版"

**3. 最终效果**

最终效果如图 7-44 所示。

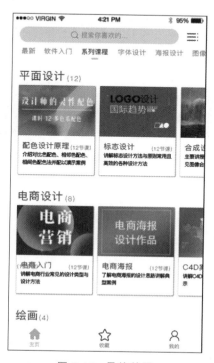

图 7-44 最终效果

## 【知识拓展】

一、手机界面设计的基础知识

1. 手机界面各部分功能

(1) 状态栏是指我们经常看到的显示手机信号、运营商名称及电量等的区域,一般有白色和黑色两种颜色。此处一般不做特殊设计,直接下载一些 Android 系统或 iOS 系统组件库并进行调用即可。需要注意的是,在状态栏的背景颜色不确定时(如界面中 Banner 与状态栏融为体等情况),通常的处理手法是设置固定状态栏颜色为白色,并且在状态栏下放置半透明的黑色"遮罩",或者不做处理,同时保证 Banner 顶部不为白色。iOS 系统的状态栏高度为 20pt,Android 系统的状态栏高度为 24dp,如图 7-45 所示。

(2) 导航栏位于状态栏的下方,一般用于显示当前界面的名称,让用户随时了解当前的浏览位置。Android 系统的导航栏标题是基于导航栏的左边缘对齐,iOS 系统的导航栏则是基于整个导航栏的中间对齐。两者的相同之处在于左侧一般为"返回"按钮,右侧为当前界面的功能按钮。这些按钮可以以文字的形式存在,也可以以图标的形式存在。当然,导航栏相比状态栏而言,可设计的地方更多一些,既可以自定义其颜色,又可以在某个界面将其隐藏。iOS 系统的导航栏高度为 44pt,Android 系统的导航栏高度为 56dp,如图 7-46 所示。

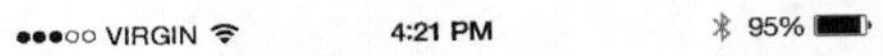

最新　软件入门　系列课程　字体设计　海报设计　图像

●●●○○ VIRGIN 🔊　　　　4:21 PM　　　　🔋 95% ▇

图 7-45　状态栏 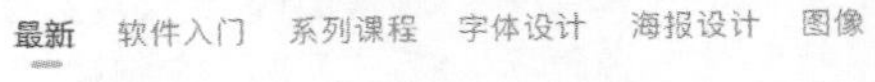　　　　　　　　　　图 7-46　导航栏

(3) 标签栏:通常来说,标签栏位于界面的最下方。它提供了界面的切换、功能入口及界面导航等功能,用于指示当前界面所处的位置和可以前往的方向。也就是说,标签栏在视觉设计上着重解决"我在哪儿"的问题。在标签栏的设计中,要清晰地指明当前界面所处的位置,并且当前标签的视觉位置必须是最近的。在标签栏的设计中,当前界面标签要与其他标签在视觉上拉开一定的距离,并表现出层次感。"当前"标签通常显示为高亮状态,其他标签在视觉上效果则相对弱化一些。标签栏中的标签设计可以是"图标＋文字"的样式,也可以是纯图标样式或纯文字样式。标签栏最多显示 5 个标签,超过 5 个标签会显示为"更多"状态,并且在用户单击"更多"按钮后可查看其他标签。iOS 系统中,标签栏的高度为 49pt,并且一般在界面底部显示。Android 系统中,标签栏的高度为 48dp,如图 7-47 所示。由于 Android 系统的界面底部存在虚拟按键,因此标签栏一般不在底部显示,而是在界面顶部显示。

图 7-47　标签栏

(4) 工具栏:工具栏与标签栏显示的位置相同。但是在同一界面中,标签栏与工具栏只能显示一条。工具栏的作用是承载一些可对当前界面进行功能性操作的按钮,一行不可超过 5 个。当一行超过 5 个按钮时,第 5 个按钮会显示为"更多"样式,单击该按钮可查看其他功能信息。iOS 系统中,工具栏的高度为 44pt,并且工具栏会显示在界面导航条的右上角。在功能按钮多于 5 个时,会将多余的按钮"收"到第 5 个按钮中,单击可展开显示。在 Android 系统中,工具栏在下方显示,其高度为 48dp。

## 2. 界面设计的特点

手机界面设计与其他类型设计不同,要做各种使用场景的拷录,要考虑各种不同状态下的设计效果。因此一个设计稿可能要做不同种使用场景的变化,这是在设计初期必须要考虑的,图7-48所示为同一款商品在不同状态下的界面设计。

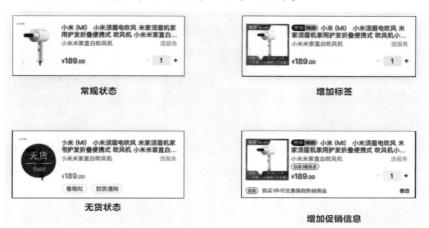

图 7-48　不同状态下的界面设计

做设计时要选择干净整洁的图片。第一种方案明显会因为图片质量问题让消费者感觉到产品廉价的感觉,而第二种方案明显带给人高端的感觉。因此,图片质量对设计的效果起到至关重要的作用。经过精修的产品图片能够给界面设计带来很大的质量提升,如图7-49所示。

## 3. 主页界面设计中图片的排版方式

这里,我们引入图片流的概念。图片流就是我们安排图片的秩序。很多界面以图片流为主要展示形式,比如小红书、盒马、淘宝等 App(Application,应用程序)。与界面设计分析的思路一样,我们也可以将图片流的排版方式进行拆分。如图7-50所示,我们将图片流进行了简化与拆分。拆分之后我们发现图片流分为四个部分:背景、留白、图片、文字。很多以展示为主的电商类、直播类 App 的界面是以图片流为主,其目的是产生让用户沉浸式阅读的效果,如图7-51所示。而新闻类 App 的标题文字内容提供了大量的信息,如果只放一张图片用户不会明白新闻内容,因此,新闻类 App 选择普通 FEED 流的较多,如图7-52所示。图片流设计有单图设计版式也有双图设计版式,单图版式能够提升客户的沉浸式阅读体验,如图7-53所示的马蜂窝、知乎、爱彼迎的 App 界面均采用单图排版;双图版式能够在同一屏中展示更多信息,更加有利于用户做出选择判断,如图7-54所示的淘宝、盒马、花瓣均采用水平双图的排版方式。一般来说,水平三图的排版方式非常拥挤,很少见。

图 7-49　图片质量对设计效果造成很大影响

图 7-50　图片排版的简化与拆分

图 7-51　"图片流"界面设计

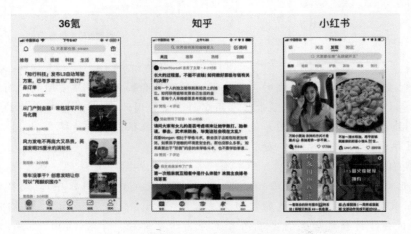

图 7-52　普通 FEED 流与图片流排版对比

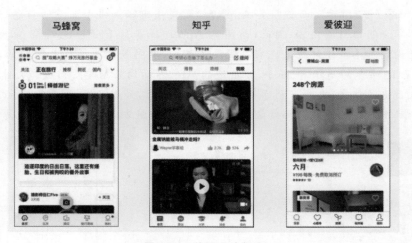

图 7-53　单图设计版式

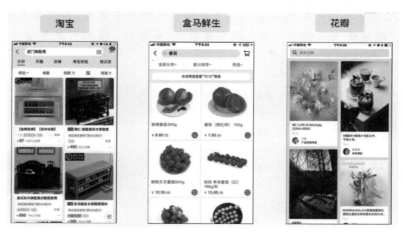

图 7-54　水平双图版式

4. 图片流排版细节拆分

图片流排版主要有搜索栏、筛选栏、图片流三个部分,如图 7-55 所示。

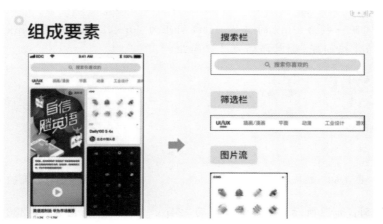

图 7-55　图片流排版拆分

（1）搜索栏:"搜索栏"的参数设置如图 7-56 所示,上下间距要统一均为"20px",图片和文字统一高度均为"30px",颜色为色彩通道号为"♯999"的灰色。

图 7-56　"搜索栏"参数设置

"搜索栏"里一般会"后默认"搜索词,一般会是一些热门搜索词。可以将这些热门搜索词放在"搜索栏"中,以提高客户的点击率,提高商业价值。如微博、淘宝、知乎等App 都会为客户提供默认搜索词,如图 7-57 所示。

图 7-57　"默认"搜索词

（2）筛选栏：筛选栏一般是 App 为客户提供的几种选品大类，其排版具体参数要求如图 7-58 所示。有时候 App 还会为用户提供复杂的"筛选栏"，满足用户复合筛选的要求，如图 7-59 所示。

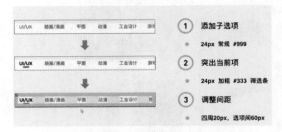

图 7-58　"筛选栏"参数设置　　　　　　　　　　图 7-59　复合"筛选栏"

（3）图片流：我们从图片、间距、文字级别、图标与头像四个方面来分析图片流排版的参数设置。

① 图片质量：图片应该画质清晰、颜色鲜艳、主体明确。图标颜色要靠近品牌色，如图 7-60 所示。

② 间距：间距一般为 10px 的倍数。1 级间距为 20px，2 级间距为 10px。如图 7-61 所示的绿色部分为 1 级间距，粉色部分为 2 级间距。

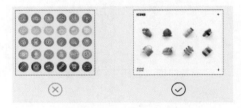

图 7-60　图片质量　　　　　　　　　　　　　图 7-61　间距的设置

③ 文字级别：如图所示，主标题文字为"24px""加粗"，颜色为"♯333"，注释文字为"20px"，"常规"，颜色为"♯333"。一般 4 像素为一个层级，采用字号与字重新实现文字的分级，如图 7-62 所示。

④ 图标与头像：图片背景要干净，注意留白，尺寸可以采用 36px×36px 的大小，图标要表达清晰，大小可以是 20px×20px，线宽为 2px，如图 7-63 所示。

图 7-62　文字级别的设置　　　　　　　　　　图 7-63　图标与头像的设置

⑤ 图片流的高度：图片流的高度可以做成统一，也可以不统一，如图 7-64 所示。高度统一的设计风格较为规整，适合用户做出比较。而高度不统一的设计风格比较灵动，图片尺寸更加灵活，适合追求图片整体效果的 App，可以根据产品定位选择适合的样式进行排版。

5. "FEED流"排版的细节拆分

首先来解释一下什么是FEED流,feed顾名思义是喂养的意思,Feed在这里特指一个用户想看的有用信息单元,一个满足用户需求的信息单元。而流的概念就是信息单元的呈现形式,是这个信息怎么呈现的。当用户不断滚动屏幕时,用户得到了信息的"喂养"。

"图片流"与"FEED流"的区别如图7-65所示。图片流以展示为主,FEED流以内容为主。在社交类、新闻类、内容资讯类等App中适合使用FEED流,如图7-66所示。

图7-64　高度的设置

图7-65　"图片流"与"FEED流"的区别

图7-66　"FEED流"App

下面我们从文字、等级标签、配图三个方面来详细看一下FEED流的设计细节。

(1) 多字段:文字在整个"FEED流"版式设计中是信息表达的载体,文字设计的好坏关系到整个设计效果。文字设计主要体现在文字的层级关系上,文字主要分为三个层级:标题类文字、内容类文字、辅助信息类文字,如图7-67所示。字号的级差为4px的倍数,其具体参数设置如图7-68所示。在做长文本排版时要注意文字大小、颜色所带来的"字重"问题。图、文元素之间的间距一般为5px的倍数,具体设置可以参考图7-69。不同内容的文字其重要层级也不同,如图7-70所示。

(2) 等级标签:标签最重要的作用是提升用户黏性,比如我们打游戏、充值会员时会有各种等级标签,这样会引导用户增加使用时间。在设计标签时我们要注意使用渐变颜色,使用"挖空"等效果。在等级区分上,我们要注意颜色带来的不同等级,比如金色、银色就很明显能代表不同的等级,如图7-71所示。

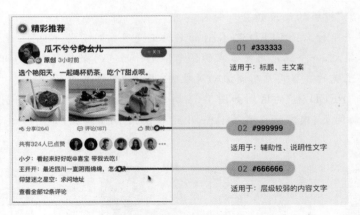

图 7-67　文字的层级关系

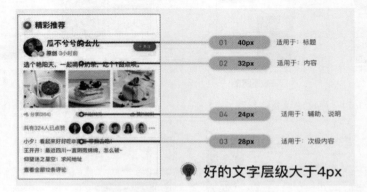

图 7-68　文字的具体参数设置

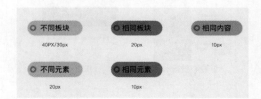

图 7-69　元素的间距参数

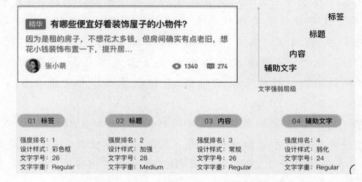

图 7-70　不同文字的层级关系

（3）配图：配图质量是界面设计的关键，一个好的图片能够成功引起用户的注意，提高 App 的商业价值。比例合理、背景干净、主题突出、细节清晰是界面设计图片质量的衡量标准，如图 7-72 所示的左右两组图片，很明显右边图片主体不突出、背景不干净、角度不一致、色彩倾向不同，不属于高质量图片。图片质量可以通过调整饱和度、调整明度、锐化图片、增加细节等方法来提高。图 7-73 所示为调整前后图片质量的变化。

图 7-71 不同颜色带来不同的等级感

图 7-72 图片质量对比

图 7-73 调整前后图片质量的变化

## 二、iOS 手机界面设计规范

### 1. iOS 的界面尺寸（表 7-1）

表 7-1 iOS 的界面尺寸

| 设 备 | 分 辨 率 | PPI/ppi | 状态栏高度/px | 导航栏高度/px | 标签栏高度/px |
|---|---|---|---|---|---|
| iPhone 6 Plus | 1080px×1920px | 401 | 54 | 132 | 146 |
| iPhone 6/6S | 750px×1334px | 326 | 40 | 88 | 98 |
| iPhone 5/5C/5S | 640px×1136px | 326 | 40 | 88 | 98 |
| iPhone 4/4S | 640px×960px | 326 | 40 | 88 | 98 |

### 2. iOS 的图标尺寸（表 7-2）

表 7-2 iOS 的图标尺寸

| 设 备 | App store | 程序应用 | 主屏幕 | Spotlight 搜索 | 标签栏 | 工具栏/导航栏 |
|---|---|---|---|---|---|---|
| iPhone 6 Plus | 1024px×1024px | 180px×180px | 114px×114px | 87px×87px | 75px×75px | 66px×66px |
| iPhone 6/6S | 1024px×1024px | 120px×120px | 114px×114px | 58px×58px | 75px×75px | 44px×44px |
| iPhone 5/5C/5S | 1024px×1024px | 120px×120px | 114px×114px | 58px×58px | 75px×75px | 44px×44px |
| iPhone 4/4S | 1024px×1024px | 120px×120px | 114px×114px | 58px×58px | 75px×75px | 44px×44px |

### 3. iOS 界面各部分尺寸

用户依赖于状态栏的重要信息，如信号、时间和电池。文本和图标可以是白色或黑色，但背景可以被设计成任何颜色，并与导航栏合并。导航栏是用于显示屏幕的快速信息。左边部分可用于配置文件、菜单按钮，而右边的部分是一般用于动作按钮，如添加、编辑、完成。请注意，如果使用这些系统图标，不需要为它们单独设计。"提示对话框"是用于输送关键信息和提示快速操作。"提示"应保持最少文字，"退出"一定是明显。

图 7-74～图 7-78 为不同 iOS 界面的尺寸规范。

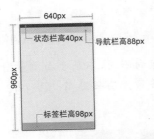

图 7-74　iPhone 4 和 iPhone 4S 的界面尺寸规范

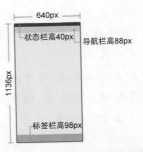

图 7-75　iPhone 5、iPhone 5C、iPhone 5S 的界面尺寸规范

图 7-76　iPhone 6 的界面

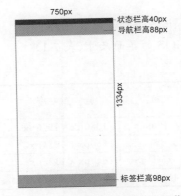

图 7-77　iPhone 6 的界面尺寸规范

4. 图标规范

Apple 使用黄金分割在它们的一些图标上,这让图标可以保持良好的比例,同时确保了美感,如图 7-79 所示。虽然这是一个很好的规范,但它不是严格要求,甚至 Apple 在很多图标上也省略了它。

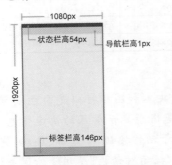

图 7-78　iPhone 6 Plus 的物理版尺寸规范

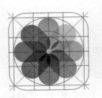

图 7-79　图标规范

5．文字及间距

在用户界面中，字体可以说是界面设计的基石。在界面设计中，字体应该是作为方便用户完成应用任务的一种工具，而不应增加用户认知的负担。无论是 iOS 系统，还是 Android 系统，它们都有内置的默认字体可供设计师使用。因此，设计师在进行界面设计时一般很少苦恼于字体的选择，而是需要将主要精力放在字号大小、字体色与字体间距的处理上。

iOS 11 系统中的中文默认字体为"苹方体"，英文和数字的默认字体为"san Francisco"。在界面设计中，除了一些产品为了营造独特的视觉氛围需要植入特殊字体以外，一般情况下很少需要改默认字体。如果设计师使用了特殊字体，但开发工程师没有植入特殊字体包，界面依然显示系统默认字体。

在界面设计过程中，字号规范相对来说比较灵活，也可以说每个产品基本都有一套专属的字号规范。在 iOS 11 系统没有发布时，字号的范围一般是 11～24pt。以 iOS 系统的逻辑像素 375pt×667pt 为例，其最小字号不能小于 11pt，否则会影响识别性。同时，字号必须为整数，不可出现小数点，各相同表意字段之间的字号要严格保持一致。这里将用一些实际的界面设计案例对界面的字号规范进行说明，大家可以作为参考。在具体情况下，大家要根据产品内不同布局属性、字段数量等做主观上的思考和改动。例如，在界面主页信息层级较多时，界面中的一级主标题（店铺名称）的字号通常为 24pt；在界面主页信息层级较少时，界面中的二级标题的字号通常为 20pt，如图 7-80 所示。

界面中大篇幅的文本信息（如阅读类产品信息、阅读详情页等文本信息）和列表内第三层级信息，通常使用的字号为"14pt"，如图 7-81 所示。

图 7-80　主标题与二级标题字号

图 7-81　大篇幅文字用"14pt"

列表内的非重要提示性信息和以图标为主的文字提示信息（如电商类产品、标签式布局的图标下方的提示信息等），通常使用的字号为 12pt。

列表内提示型标签信息和列表内信息层级过多时的非必读型信息（如一些外卖类店铺的界面活动标签等信息），通常使用的字号为 11pt。

一般的规范最低要求 8pt 的空白或边距，足够留白空间使得布局更容易扫描，文本更具可读性。而且，在此基础上 UI 元素应对齐，文本应该有相同的基线位置如图 7-82 所示。

三、安卓手机的界面设计规范

1．Android 手机界面的尺寸

Android 手机界面各部分尺寸如表 7-3 所示。

图 7-82  文字的间距规范

表 7-3  Android 手机界面各部分尺寸

| 屏幕大小 | 启动图标 | 主菜单栏图标 | 上下文图标 | 系统通知图标 | 最细笔画/px |
|---|---|---|---|---|---|
| 320px×480px | 48px×48px | 32px×32px | 16px×16px | 24px×24px | 不小于 2 |
| 480px×800px<br>480px×854px<br>540px×960px | 72px×72px | 48px×48px | 24px×24px | 36px×36px | 不小于 3 |
| 720px×1280px | 96px×96px | 64px×64px | 32px×32px | 48px×48px | 不小于 4 |
| 1080px×1920px | 144px×144px | 96px×96px | 48px×48px | 72px×72px | 不小于 6 |

2. 界面尺寸(1280px×720px)

Android 界面各部分尺寸如下。

(1) 状态栏高度为 50px。

(2) 导航栏高度为 96px。

(3) 标签栏高度为 96px。

Android 最近新出的手机几乎都去掉了实体键,把功能键移到了屏幕中。当然高度也是和标签栏一样的,均为 96px;内容区域高度为 1038px。

3. 常用尺寸

一般把 48dp 作为可触碰 UI 原件的标准。48dp=72px=9mm,这是一个用户手指能够准确舒适触碰的最小尺寸。Android 界面默认菜单栏的高度是 72px;Android 界面每个元素之间最小的间距是 12px。

4. 常用屏幕尺寸

Android 手机屏幕常见分辨率如下。

(1) 240×320ldpi(低等屏幕)。

(2) 320×480mdpi(中等屏幕)。

(3) 480×800hdpi(高清屏幕)。

(4) 720×1280xhdpi(超高清屏幕)。

相应的图片资源尺寸的比例关系为 1∶1.5∶2。也就是一套图为 mdpi 的资源图片,hdpi 可调整到 150%,xhdpi 可调整到 200%。

5. 字体规范及大小

5.0 以上版本:思源黑体/Noto Sans Han,5.0 以下版本:Droid Sans Fallback,可用文

泉驿微米黑代替；英文、数字：Roboto；标题：58px 或 60px，二级标题：44px 或 48px，正文字体：32px 或 36px；英文最小字号 22px，中文最小字号 18px。各级别字体大小如表 7-4 所示。

表 7-4　Android 手机界面文字大小

| 默认的界面风格 | 480px×800px，240ppi | 720px×1080px，320ppi | 1080px×1920px，320ppi |
|---|---|---|---|
| 最小字体 | 12sp＝18px | 12sp＝24px | 12sp＝36px |
| 小字体 | 14sp＝21px | 14sp＝28px | 14sp＝42px |
| | | 16sp＝32px | 16sp＝48px |
| 文本字体 | 18sp＝27px | 18sp＝36px | 18sp＝54px |
| | | 20sp＝40px | 20sp＝60px |
| 最大字体 | 22sp＝33px | 22sp＝44px | 22sp＝66px |

# 任务二　旅游类 App 界面设计

## 一、任务描述

本任务要设计旅游 App 中的个人介绍页面部分。界面风格要求简单疏朗，且符合交互设计后续工艺要求。

## 二、学习目标

（1）能够根据要求设计特定风格的界面。
（2）能够根据工艺参数设计界面。

素材.rar

## 三、任务实施

### 1. 新建文件

新建一个名为"旅游界面设计"的 750px×1334px 的文件，"画板"数量为"1"，"出血"的上、下、左、右各为"3mm"，详细参数如图 7-83 所示。

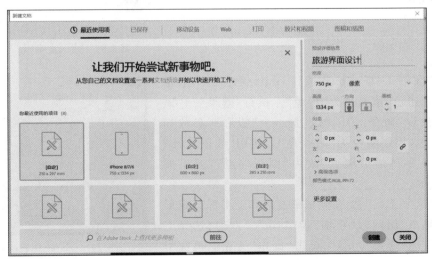

图 7-83　"新建文件"的参数设置

**2．绘制底图**

使用"矩形工具"![]绘制一个矩形,大小为"750px×390px",取消描边色,填充色设为"不透明度"为"5％"的"黑色",效果如图 7-84 所示。

使用"椭圆工具"![]并按住 Shift 键绘制一个 158px×158px 的正圆。执行"文件"→"置入"命令置入头像素材,并放置到合适的位置。选中刚刚绘制的正圆,右击并执行"排列"→"置于顶层"命令。同时选中"头像"素材和圆形,右击并执行"建立剪切蒙版"命令,效果如图 7-85 所示。

图 7-84　绘制矩形

图 7-85　建立"剪切蒙版"

将圆形放置到画板最左边,双击"选择工具","水平"设为"40px",效果如图 7-86 所示。

在圆形头像的上方使用"矩形工具"![]绘制一个"高度"为"140px"的矩形,矩形上方和画板顶端对齐,下方和圆形头像相切,调整好圆形后就可以删除这个矩形了(每个元素之间的距离均为偶数)。

**3．输入文字**

输入文字部分并设置合适的字体和字号大小,效果如图 7-87 所示。

图 7-86　移动工具

图 7-87　输入文字(1)

使用"椭圆工具"![]并按住 Shift 键绘制一个正圆。取消描边色,填充色为"橙色"。执行"效果"→"风格化"→"投影"命令,给圆形设置一个"投影",参数如图 7-88 所示,投影颜色为"暗黄色"。使用"线段工具"绘制一个十字,"描边端点"改为"圆头端点",效果如图 7-89 所示。

使用"文字工具"![T]在画板最左边和上半部分矩形的连接处输入"访问","粗细"为"24pt"。双击"选择工具"![],"水平"设为"60px",单击"确定"按钮。再选中

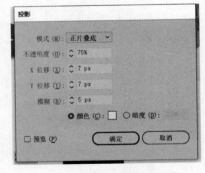

图 7-88　"投影"的参数设置

这个文字，双击“选择工具”，“垂直”设为“72px”。使用同样的方法输入其他文字，效果如图 7-90 所示。

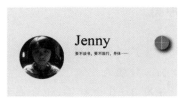

Jenny

图 7-89　效果图(1)

访问
3400
关注
3400
点赞
3254

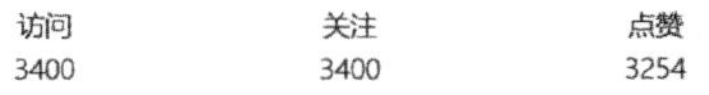

图 7-90　输入文字(2)

使用“文字工具”在和圆形头像对齐的位置输入“足迹”。双击“选择工具”，“垂直”设为“90px”。使用“矩形工具”绘制一个矩形，按住并拖动矩形四周的圆点使矩形变为圆角矩形。将矩形的顶部和“足迹”对齐贴紧，双击“选择工具”，“垂直”设为“54px”。置入需要的素材，同时选中素材和矩形，建立“剪切蒙版”，接着再置入其他图片。然后检查并确认每两张图片之间的距离只要是偶数就可以了，效果如图 7-91 所示。

重复图 7-90 中的步骤完成图片下方的文字部分，并设置一个合适的距离，效果如图 7-92 所示。

接下来完成底部的“导航键”，置入素材，完成文字输入，文字大小为“20pt”。可以先和画板下方边缘对齐，再双击“选择工具”，“垂直”设为“－12px”，效果如图 7-93 所示。

4. 最终效果

最终效果如图 7-94 所示。

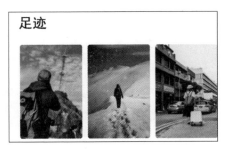

足迹

图 7-91　置入图片素材

普吉岛
泰国
北极
北极圈
巴塞罗那
西班牙

图 7-92　完成其他文字部分

行程
我的

图 7-93　效果图(2)

Jenny
访问
6660
回复
5.3W
关注
3554
足迹
普吉岛
泰国
北极
北极圈
巴塞罗那
西班牙

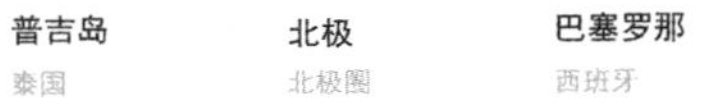

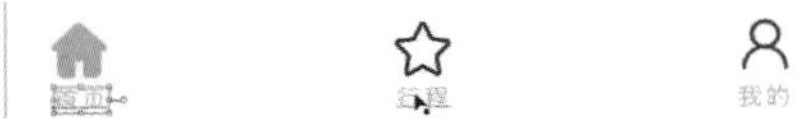

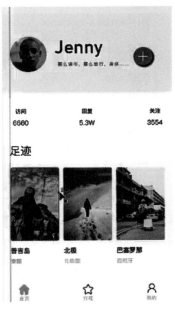

图 7-94　最终效果

## 【知识拓展】

### 手机导航栏的设计种类

1. 标签式导航

标签式导航又称 Tab 式导航,是目前移动端市场上最为广泛使用的导航设计。标签式导航通常分为底部导航,顶部导航,顶部、底部双 Tab 导航三种模式。

(1) 底部导航:采用"文字+图标"的方式展现。一般有 3~5 个标签,适合在相关的几类信息中间频繁地切换使用。这类信息优先级较高,用户使用频繁,但彼此之间相互独立。通过标签式导航的引导,用户可以迅速地实现页面之间的切换且不会迷失方向,简单且高效。它的缺点是会占用一定高度的空间,如果用户是小屏幕手机,则视觉体验不太好。

如图 7-95 所示为微信的底部导航。

(2) 顶部导航:当内容分类比较多,用户对不同内容的打开频率相差不是很大,需要快速切换或调出的时候,经常会采用"顶部导航"设计模式,常见于工具类 App 中,如图 7-96 所示的滴滴打车的界面。

图 7-95　底部导航

图 7-96　顶部导航

(3) 顶部、底部双 Tab 导航:标签式导航除了可以设在顶部和底部,另外有些内容比较多的产品会采用顶部、底部混合使用标签式导航,如简书、网易云阅读,如图 7-97 所示。

2. 抽屉式导航

抽屉式导航是指一些功能菜单、按钮隐藏在当前页面后,单击"入口"或"侧滑"即可像拉抽屉一样"拉出"菜单。这种导航设计比较适合于不那么需要频繁切换的次要功能,例如对设置、关于、会员、皮肤设置等功能的隐藏,图 7-98 是 QQ 的抽屉式导航界面。

抽屉式导航的优点在于节省页面展示空间,使主页面更加简洁美观,让用户将更多的注意力聚焦到当前页面。缺点在于其次功能入口比较隐蔽,用户不容易发现且需要二次单击,增加用户操作时间。

图 7-97　顶部、底部双 Tab 导航

### 3. 桌面式导航

桌面式导航类似于操作系统或控制面板，其特色是主页由多个按钮组成。均衡布局时，按钮通常大小一致，以 3×3、2×3、2×2 和 1×2 等形式排布于桌面。单击按钮时，可跳转至其他内部子系统或子模块，图 7-99 所示是 360 手机卫士采用的基于"圆角矩形按钮"的桌面式导航。

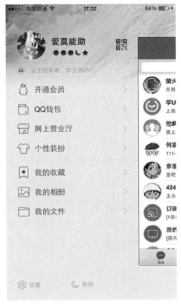

图 7-98　QQ 的抽屉式导航界面　　　　　图 7-99　桌面式导航

当圆角矩形的弧度越来越小,甚至消失不见,成为正方形的时候,往往用方形格子隔开各个按钮,使得视觉效果最好。这种模式可见于下一节的"宫格式导航"中。市面上还存在着一些极少数应用,它们内部生态繁杂,提供(自己的或者来自第三方服务商)眼花缭乱、不胜枚举的服务项目。有些服务项目单独拎出来,做成一款应用,可以匹敌一家小型互联网公司,甚至是中型互联网公司。但是出于业务整合、平台搭建、体系构建、服务扁平化,它们会被塞到一个"壳子"里,形成超级服务平台类 App,比如阿里系的支付宝首页的服务项目,可以在"全部"页面中进行个性化配置,支持用户根据自己的实际需求和使用频度优化服务项目的显示顺序,进行入口的优化,如图 7-100 所示。

图 7-100　宫格式导航

这种超级服务平台类 App,目前仅在阿里系的产品中出现,其特点是:高频或超高频使用,用户黏性极高,应用处于市场垄断地位,几乎无可替代产品(生态庞大带来的优势);应用服务种类多且扁平化(使得并列式的桌面布局模式成为必选项);可以当作企业的移动后台来使用(支付宝的服务包括衣食住行,可认为是企业个人),可以称为"行走的 ERP";商业氛围浓厚。

4. 宫格式导航

宫格式导航是将主要入口全部聚合在主页面中(因其布局比较像传统 PC 桌面上的图标排列,又被称为"桌面式导航"),每个"宫格"相互独立,它们的信息间也没有任何交集,无法跳转互通。因为这种特质,"宫格式导航"被广泛应用于各平台系统的中心页面。这样的组织方式无法让用户在第一时间看到内容,选择压力较大。因此现在采用这种导航模式的App 已经越来越少,往往用在二级页作为内容列表的一种图形化形式呈现,或是作为一系列工具"入口"的聚合。

# 项目 八

# 商业插画的绘制

### 项目导读

Illustrator 结合手绘绘制的商业插画,越来越多地应用于商品包装、书籍封面、海报等产品中。手绘的画面唯美、自然,创意空间较大,是 Illustrator 软件的高级应用。

### 项目学习目标

**1. 素质目标**

本项目旨在训练学生能够根据主题要求,完成指定主题的绘制,从而提升学生的插画绘制能力与审美水平。

**2. 知识目标**

(1)掌握变换工具组里各工具的使用方法。

(2)掌握各种变形效果的使用方法。

**3. 能力目标**

(1)能够根据需求绘制出矢量风格的插画。

(2)能够根据需求制作插画风格的海报。

### 项目实施说明

本项目需要的硬件资源有计算机、联网手机;软件资源有 Windows 7(或者 Windows 10)操作系统、Illustrator CC 2018 及以上版本、百度网盘 App。

## 任务一　风景类插画设计

### 一、任务描述

通过本次任务,让学生能够根据需求风格绘制出风景类插画(图 8-1)。

图 8-1 扁平风山谷创意插画

## 二、学习目标

(1) 掌握钢笔工具的运用。
(2) 掌握变形工具的使用技巧。
(3) 掌握图形创意设计的创作技巧。

素材.rar

## 三、任务实施

(1) 单击"新建"选项或使用 Ctrl＋N 组合键，自定义一个新文档，在右侧参数栏设置"名称"为"扁平风山谷创意插画"，"画板"数量为"1"，"宽度"为"90cm"，"高度"为"54cm"，"单位"为"厘米"，如图 8-2 所示。单击"确定"按钮，创建一个空的新文档。

图 8-2 "新建文件"的参数设置

（2）使用工具箱中的"矩形工具"绘制一个矩形作为背景板，矩形的大小与画板中"出血"的尺寸一致，矩形的颜色设置如图 8-3 所示。

（3）创建一个图层名为"背景山"，如图 8-4 所示。选定该图层，使用"钢笔工具"绘制一个颜色、形状如图 8-5 所示的图形当背景山，选定后再执行"粗糙化"命令，并按图 8-6、图 8-7 所示内容调整数据。

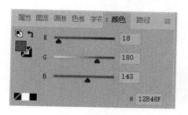

图 8-3　设置颜色

图 8-4　参数图（1）

图 8-5　完成后效果

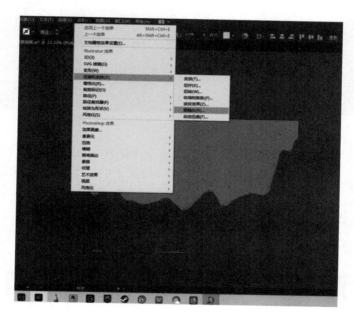

图 8-6　参数图（2）

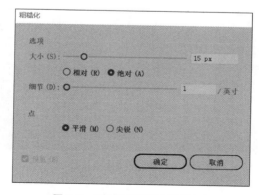

图 8-7　"粗糙化"参数设置（1）

（4）新建一个图层，名为"山丘"，使用"钢笔工具"绘制一个颜色形状如图 8-8 所示的图形，然后执行"粗糙化"命令。

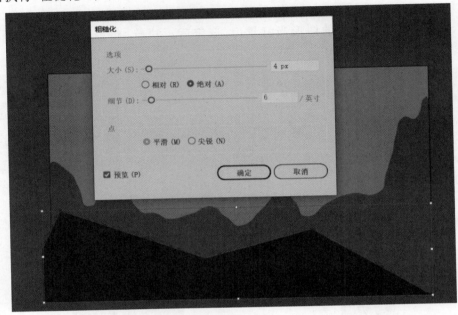

图 8-8　粗糙化

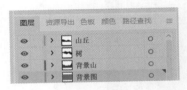

图 8-9　建立"树"图层

（5）新建一个图层放在"山丘"图层和"背景山"图层之间，命名为"树"，如图 8-9 所示。使用"钢笔工具"绘制一个参数如图 8-10 所示的三角形，颜色比山丘颜色浅一些，然后执行"粗糙化"命令。

（6）按住 Alt 键拉动"树"并复制，再选定"树"分别做放大、缩小调整，效果如图 8-11 所示。

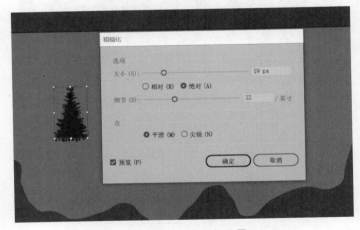

图 8-10　"粗糙化"参数设置（2）

（7）选定全部"树"，右击并执行"排列"→"置于顶层"命令（或 Shift＋Ctrl＋]组合键），选定一组或复制单个，并把颜色加深一些，就可以得到下图的效果了，如图 8-12 所示。

图 8-11　效果图（1）

图 8-12　效果图（2）

（8）在"背景山"图层上，使用"椭圆工具"并按住 Shift 键绘制一个适当大小的圆。选中"圆"，执行"效果"→"风格化"→"外发光"命令，如图 8-13 所示，白色，按图 8-14 所示参数绘制月亮。

图 8-13　执行"外发光"命令

（9）选中背景板打开"渐变面板"（或 Ctrl＋F9 组合键），将背景板的颜色拖曳到下方"渐变条"的最左边，如图 8-15 所示。

图 8-14　"外发光"的参数设置

图 8-15　"渐变面板"的设置

（10）使用"渐变工具"，按 Shift 键从下往上拖动就得到了"天空渐变"的效果，如图 8-16 所示。

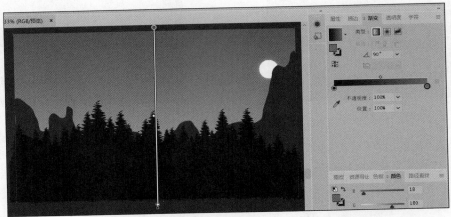

图 8-16　效果图（3）

（11）在"背景山"图层上，使用"钢笔工具"绘制一个颜色形状如图 8-17 所示的图形，再按 Alt 键拖曳并复制几个同样的图形，调整大小并给山加一点层次。

（12）使用"矩形工具"绘制一个和画板大小相等的矩形，右击并执行"建立剪切蒙版"命令（或 Ctrl＋7 组合键），如图 8-18 所示，即可完成作品绘制。

图 8-17　效果图（4）

图 8-18　建立"剪切蒙版"

（13）最终效果如图 8-19 所示。

图 8-19　最终效果

## 四、任务拓展

### 任务拓展一　江南风景插画

（1）打开"新建"（Ctrl＋N 组合键），自定一个新文档。在右侧参数栏设置"名称"为"江南风景插画"，"画板"数量为"1"，"宽度"为"100mm"，"高度"为"100mm"，"单位"为"毫米"，如图 8-20 所示。单击"确定"按钮创建一个空的新文档。

图 8-20　"新建文件"的参数设置

江南风景插画.mp4

（2）选择"椭圆工具"绘制一个圆形，颜色填充为"淡蓝色"，去掉描边，并设置与画板居中对齐，按 Ctrl＋2 组合键锁定，如图 8-21 所示。

（3）再次选择"椭圆工具"绘制白色的圆形，按住 Alt 键拖曳并复制出一样的圆形，效果如图 8-22 所示。

图 8-21　绘制椭圆

图 8-22　效果图（1）

（4）选择"钢笔工具"绘制一个三角形，如图 8-23 所示。把图形全部选中后按住 Shift＋M 组合键然后按住 Alt 键剪掉多余的部分，剪完后形成一个"云朵"的形状，如图 8-24 所示。使用"直接选择工具"选择左右两边的锚点进行对齐，并复制两个。

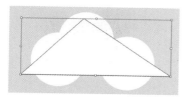

图 8-23　绘制三角形

图 8-24　效果图（2）

（5）选择"椭圆工具"绘制一个蓝色的圆形，如图 8-25 所示。按 Ctrl＋C 和 Ctrl＋F 组合键在原位置粘贴并且缩小，如图 8-26 所示。

图 8-25　绘制蓝色的圆形

图 8-26　绘制蓝色小圆形后的效果图

（6）选择"钢笔工具"绘制小山，如图 8-27 所示。多次复制几个同样的形状，并改变它们的颜色，如图 8-28 所示。

图 8-27　钢笔工具

图 8-28　绘制多个小山后的效果图

（7）选择"矩形工具"绘制一个白色的矩形，按 Ctrl＋C 和 Ctrl＋F 组合键原位置复制粘贴，使用"直接选择工具"选中矩形左边的两个锚点，将这两个锚点拖曳到另一侧，把矩形侧面涂成灰色，如图 8-29 所示。

（8）选中这个白色的矩形，按 Ctrl＋C 和 Ctrl＋F 组合键原位置复制粘贴，使用"直接选择工具"选中矩形下边的两个锚点，往上拖动，并填充为"蓝色"，如图 8-30 所示。

图 8-29　侧面涂成灰色后的效果图

图 8-30　效果图（3）

（9）选中这个白色的矩形，按 Ctrl＋C 和 Ctrl＋F 组合键原位置复制粘贴，使用"直接选择工具"选中矩形下边的两个锚点，往上拖动，形成一个屋檐，颜色填充为灰色，如图 8-31 所示。

（10）在房子上绘制一个蓝色的长方形，如图 8-32 所示。选中刚绘制好的小房子并按 Ctrl＋G 组合键进行编组。按住 Alt 键复制小房子；右击，把新复制出来的小房子取消编组；拖曳屋顶和屋檐使房子变高，接着把白色的矩形也拉长。使用"直接选择工具"选中侧边图形上边的两个锚点，拖曳到房顶，并把小窗户也拖曳到上方，如图 8-33 所示。

图 8-31　绘制屋檐后的效果图

图 8-32　绘制蓝色长方形后的效果图

（11）多次复制小房子并放在合适的位置，如图 8-34 所示。

图 8-33　改变房子形状后的效果图

图 8-34　生成多个小房子后的效果图

（12）选择"椭圆工具"绘制一个绿色的小圆。选择"直接选择工具"选中下边的锚点并删掉，按住 Alt 键复制，按 Ctrl＋G 组合键进行编组，将整体进行多次复制粘贴并缩放，如图 8-35 所示。

（13）选择"多边形工具"绘制一个三角形。使用"直接选择工具"选中下边两点往中间拖曳，如图 8-36 所示。顶点位置向里拖曳得到如图 8-37 所示图形。

图 8-35　绘制多个半圆图形后的效果图

图 8-36　绘制三角形

（14）选择"直线工具"绘制一条树干，并选择"居中对齐"，得到如图 8-38 所示图形。按住 Alt 键多次复制粘贴，并依次放到合适的位置。

图 8-37　更改锚点后效果

图 8-38　绘制树干后效果图

（15）选择"直线工具"绘制水的图案，描边改为圆头并且为蓝色。多次复制粘贴并放置到合适的位置，使用相同的方法绘制出白色的图案，可以得到如图 8-39 所示图形。

（16）选择"矩形工具"绘制一个和画板大小一样的矩形，选中所有图形并按 Ctrl＋7 组合键建立"剪贴蒙版"。

（17）最终得到如图 8-40 所示图形。

图 8-39　效果图（4）

图 8-40　最终效果

## 任务拓展二　诗意插画

（1）选择"新建"（Ctrl＋N 组合键），自定一个新文档。在右侧参数栏设置"名称"为"轻舟已过万重山"，"画板"数量为"1"，"宽度"为"100mm"，"高度"为"100mm"，"单位"为"毫米"，如图 8-41 所示。单击"确定"按钮创建一个空的新文档。

图 8-41　"新建文件"的参数设置

诗意插画. mp4

（2）在"Color Hunt"中选择一款配色方案，并新建"色板"，如图 8-42 所示。

（3）选择"椭圆工具"绘制一个圆形，去掉描边并与画板对齐，添加一个渐变色，选择"居中对齐"，按 Ctrl＋2 组合键将其锁定，如图 8-43 所示。

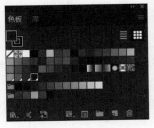

图 8-42　新建"色板"

图 8-43　绘制一个圆形并设置"渐变"

（4）选择"椭圆工具"绘制一些白色填充的圆，如图 8-44 所示。选择"钢笔工具"绘制一个三角形，把图形全部选中后按 Shift＋M 组合键，然后按住 Alt 键剪掉多余的部分，剪完后形成一个云朵的形状，如图 8-45 所示。按住 Alt 键拖曳并多次复制得到如图 8-46 所示图形。

图 8-44　绘制云朵

图 8-45　生成云朵

图 8-46　绘制多个云朵后的效果图

（5）选择"钢笔工具"绘制大雁的形状，如图 8-47 所示。选择"直接选择工具"调整一下角度大小，填充为"紫色"，如图 8-48 所示。按住 Alt 键进行多次复制并放置在合适的位置，如图 8-49 所示。

图 8-47　绘制大雁形状

图 8-48　填充颜色

图 8-49　绘制多个大雁后的效果图

（6）选择"椭圆工具"绘制一个正圆，填充为"淡黄色"，如图 8-50 所示。

（7）选择"钢笔工具"绘制山的形状，如图 8-51 所示。选择"直接选择工具"并调整角度大小，在图形中添加一个"渐变"。并复制一座山的形状出来，得到如图 8-52 所示效果。

图 8-50　绘制椭圆

图 8-51　绘制山

图 8-52　绘制渐变的山

（8）选择"矩形工具"绘制一条小河，填充为"淡蓝色"，如图 8-53 所示。拖曳并复制多个，得到如图 8-54 所示效果。

（9）选择"钢笔工具"绘制一艘小船，填充为"紫色"。选择"直接选择工具"并调整角度大小，绘制下面的小船，如图 8-55 所示。使用同样的方法继续绘制，可以得到如图 8-56 所示图形。

图 8-53　绘制淡蓝色矩形

图 8-54　绘制多条小河效果图

图 8-55　绘制小船

（10）把刚才绘制好的圆解锁，接着按 Ctrl＋C 和 Ctrl＋F 组合键在原位置复制粘贴。全部选中后右击以建立"剪切蒙版"，选中这个圆，设置"描边"为"白色"，"宽度"为"5pt"，如图 8-57 所示。

（11）选择"矩形工具"绘制一个背景并置于顶层，如图 8-58 所示。

图 8-56　完成三条小船绘制后的效果图　　　图 8-57　建立"剪切蒙版"　　　图 8-58　效果图

（12）选择"钢笔工具"绘制一个投影，如图 8-59 所示。右击将其置于底层，填充为"灰色"，最终得到如图 8-60 所示效果。

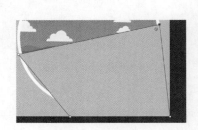

图 8-59　绘制投影　　　　　　　　　　　图 8-60　最终效果

## 【知识拓展】

互联网的快速发展使得插画在我们日常生活中出现的频率越来越高，这不仅表明互联网产品在设计的过程中越来越提高了对用户体验和情感化设计的重视程度，同时也表明互联网的发展给插画的发展带来了相应的科技支持。简单来讲，"扁平插画"就是把复杂的插画变得更加简约化，让插画看起来既完整又整洁。并且很多产品在设计的过程中为了使自身的产品具有鲜明特点，也为了使产品特点一目了然，就会在插画设计过程中选择扁平化的插画风格。

一、扁平化插画的概念

扁平化插画中包含了两层次含义，分别是扁平化和插画。首先，扁平化的概念，扁平化是在最近几年比较流行的一种绘画风格。这种绘画风格不仅能够将复杂的事物结构、阴影特征、纹理等进行简化，同时还能够用流畅、简单的线条，或者是色块，将事物的外部轮廓进行完整的勾勒，给人一种扁平的感觉。其次，插画的概念，插画是目前一种非常重要的视觉传达形式。插画不仅被广泛地应用到了各种影视海报和包装图纸，同时也被广泛地应用到了各种广告设计中。插画之所以被广泛地应用到各种宣传领域中，不仅是因为其具有非常强烈的艺术感染力，同时也是因为受到了广大人民群众的喜爱。扁平化插画的表面意思就是用扁平化的设计绘画风格来将物体的外部图形进行简单的勾勒，而深层含义是借助简单的平面图形来表达出物体图形的特点，同时也能够表现作者想要传递的信息。总而言之，扁平化插画的概念如其名字一般，给人扁平、简约的感受，如图 8-61 所示。

二、扁平化插画的类型

1. 纯扁平插画

纯扁平插画是扁平插画中常使用的一种类型。与其他的扁平插画类型相比，纯扁平插画具有简洁大方、细节较少等特点。其在绘画的过程中常采用正圆、椭圆、矩形三种图形开展绘制。在绘画的过程中采用这种绘画方式不仅可以提高绘画的质量，同时也能够有效地降低时间成本。纯扁平插画一般被常用于手机 App 和 Web 中。

图 8-61　扁平化设计风格

2. 带肌理的扁平插画

带肌理的扁平插画与纯扁平插画相比，带肌理的扁平插画具有简洁大方、质感高等特点。并且随着互联网技术的快速发展，各种插画一拥而入到大众的视野中，使得大众具有视觉上的疲惫。而带肌理的扁平插画是在纯扁平插画的基础之上增加了"噪点"等设计来将插画的细节进行丰富化，同时也能够提高扁平插画的耐看度。带肌理的扁平插画不仅能够满足故事开展的画面视觉需求，同时也能够将其故事情怀进行细腻地表达，所以这种插画类型比较适用于任何场景。

3. 渐变插画

渐变插画也属于扁平插画的一种。但是与其他的扁平插画类型相比较，渐变插画在绘画的过程中已经不再单纯地使用纯色块，而是使用多种颜色的色块来将插画的细节进行再次丰富。与普通的扁平插画类型相比，渐变插画具有细节丰富、颜色鲜明、饱和度较高等特点。在扁平插画类型中选择渐变插画设计可以使得事物的结构勾勒得更加详细，使得插画的风格更加大气。

4. 微光插画

微光插画是在渐变插画的基础之上演变而来的。是在渐变插画绘画的基础之上加入了光的运用，这样不仅会使插画的配色变得更加舒适，而且能够增加一些弥散的阴影。微光插画具有光感细腻丰富、较好地营造插画氛围等特点，比较适用于表达情感的设计中。

三、绘制出扁平化插画风格采取的措施

1. 有确切的插画内容

虽然扁平化的插画风格在绘画的过程中将事物的结构进行了简化，但是因为扁平化的插画风格类型是以扁平化为出发点开始创作，所以这种类型的插画在创作的过程中非常考验插画师对物体的观察力、概括能力。因此，为了能够使所创作的扁平化类型的插画能够准确地概括事物的结构、传递相应的情感，在绘画之前一定要有确切的绘画内容。比如：绘画师用扁平化的风格绘画一组"大树"的插画，从几何的角度来将"大树"进行分解，可以将"大树"看成三角形、长方形与三角形、椭圆形和三角形等有趣的几何图形之间的组合。但是从整体的绘画效果来讲，除了要考虑单个图形与实物之间是否有相呼应的感觉之外，还应认真思考这些几何图形之间的构成是否有图形感，同时还需要确保图形与图形之间边缘的规整性。虽然插画在绘画的过程中所运用的线条不一定是直线，但是其在绘画过程中采用的绘画手法和线条一定要符合整张插画的风格。因为扁平化的插画类型，不仅要给观众一种规整的视觉，同时其曲线与直线的韵律变化也要能够体现出该事物的特点。虽然扁平化的插画在绘画的过程中要求采用规整的线条，但是并不是要求插画是在绘画的过程中采用死板

图8-62    扁平化插画对事物的简化

的线条,而是采用具有韵律性的线条将物体进行详细的绘画。同时也要求绘画师在绘画的过程中能够依据事物的特点或者是自己绘画线条的习惯,将曲线和直线进行适当的调整与改变。因此,在进行扁平化的插画创作过程中一定要将物体在体积、视图等具体的方面进行脱离,使自己的思维能够在物体原有的具象上进行抽象化,从而使插画变得更加规整和有韵律,如图8-62所示。

**2.扁平化的插画风格**

扁平化插图在绘制的过程中为了能够使画面看起来更加丰富,就会应用非常多的颜色和绘画技巧。很多插画师在扁平化插画绘画的过程中会依据相应的商业要求来选择色彩,同时也会采用减弱物体原有阴影或者是明暗关系的强烈感来使得颜色与颜色之间的块面感增强,从而使插画的各颜色之间形成了鲜明的对比。有些插画师在进行扁平化插画绘制的过程中也会直接选用一些纯色的色块进行上色或者采用多种颜色叠加的形式来进行上色,选择这种色彩类型不仅会使插画的颜色变得更加丰富,同时也会增加一些轻微的纹理感。一些插画师在绘制图形的过程中会在纸上绘出想要的图形,后期再通过软件进行加工时从视觉上看起来更加自然,同时也会根据插图的实际情况来选择图形的勾线方法,使得插画图形的轮廓变得更加完整。

# 任务二    插画类海报

## 一、任务描述

本次设计任务中,学生们将利用 Illustrator 软件完成海浪纹海报的绘制以及中国传统纹样、团花纹样的绘制。本教程中学生能够利用钢笔工具、基本造型工具、路径查找器工具完成传统纹样海报的绘制。通过这些极具中国特色的纹样创作,学生将能提升自己的设计技能,同时对中国传统文化有深刻的理解和体现。

## 二、学习目标

(1)掌握钢笔工具的运用。
(2)掌握变形工具的使用技巧。
(3)掌握图形创意设计的创作技巧。

素材.rar

## 三、任务实施

(1)选择"新建"(Ctrl+N组合键),自定义一个新文档。在右侧参数栏设置"名称"为"海浪海报","画板"数量为"1","宽度"为"210mm","高度"为"285mm","单位"为"毫米",如图8-63所示。单击"确定"按钮创建一个空的新文档。

(2)选择"直线段工具"并按住 Shift 键绘制一条垂直的直线,颜色为"宝蓝色"。选择"旋转工具"并按住 Alt 键

图8-63    "新建文件"的参数设置

拾取"旋转中心"(直线底部),选择"8 度",单击"复制"按钮。按 Ctrl＋D 组合键连续复制,然后旋转一下,效果如图 8-64 所示。全选,按 Ctrl＋G 组合键进行编组。

(3) 选择"椭圆工具"并按住 Shift 键绘制一个正圆,调整粗细和位置。同时选中正圆和刚刚绘制的图形,按 Ctrl＋7 组合键建立"剪切蒙版",效果如图 8-65 所示。

(4) 使用"编组选择工具"给正圆形一个同样的蓝色描边,并调整合适粗细。填充色改为"白色",效果如图 8-66 所示。

图 8-64　连续复制后效果　　　图 8-65　建立"剪切蒙版"(1)　　　图 8-66　设置"描边"后效果

(5) 将其全选并缩小,按住 Alt 键复制一个,然后按 Ctrl＋D 组合键连续复制一排;全选这一排,按住 Alt 键再复制一排;重复上述步骤,效果如图 8-67 所示。

(6) 使用"矩形工具"绘制一个和画板大小相等的矩形,设置填充色为"白色",降低不透明度,效果如图 8-68 所示。

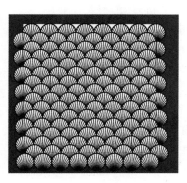
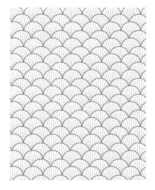

图 8-67　复制多排后的效果图　　　　　　图 8-68　建立"剪切蒙版"(2)

(7) 使用"矩形工具"绘制一个矩形,设置填充色为"白色"。将其设置为"对齐画板",如图 8-69 所示。

(8) 再使用"矩形工具"绘制一个长条矩形,填充色为宝蓝色。选择"椭圆工具"并按住 Shift 键绘制一个正圆,按住 Alt 键复制一个。一个取消填充色,描边色设为"白色";一个取消描边色,填充色为白色。调整大小和位置并降低不透明度,效果如图 8-70 所示。

图 8-69　绘制矩形并设置对齐画板　　　　　　图 8-70　效果图

(9) 输入文字部分。用"矩形工具"绘制一个和画板大小相等的矩形。全选,按 Ctrl＋D 组合键建立"剪切蒙版",最终效果如图 8-71 所示。

图 8-71　最终效果

海浪海报.mp4

## 四、任务拓展

### 任务拓展一　四方连续图案设计

（1）选择"新建"（或 Ctrl＋N 组合键），自定义一个新文档。在右侧参数栏设置"名称"为"四方连续图案设计"，"画板"数量为"1"，"宽度"为"100mm"，"高度"为"100mm"，"单位"为"毫米"，如图 8-72 所示。单击"确定"按钮创建一个空的新文档。

（2）选择"矩形工具"并按住 Shift 键绘制一个正方形，取消填充色并设置合适的"描边"粗细。执行"窗口"→"符号"命令，打开"符号"面板。单击右上角的菜单，打开符号库，选择花朵。按住并拖曳需要的花朵到正方形中。打开符号库，选择自然，找到需要的叶子也拖曳到正方形中，效果如图 8-73 所示。

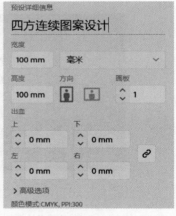

图 8-72　"新建文件"的参数设置

（3）调整一下花朵和树叶的位置。使超过正方形框的花朵或树叶只超过左边或者只超过右边，上下同理（即上下和左右都只有一边出框，另一边不出），以便形成连续的图案。选中超出的部分和正方形框，按住 Alt 键并沿着"参照线"拖曳到另一边。上下左右都完成后就可以把所有的正方形框都删掉了，效果如图 8-74 所示。

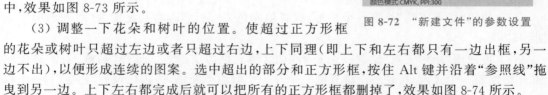

图 8-73　置入素材　　　　　图 8-74　删除所有正方形框后的效果图

　　（4）执行"窗口"→"色板"命令，将画板中的内容都选中并拖曳到色板里，这样就新建了一个图案，然后把画板里的内容删除。使用"矩形工具"绘制一个和画板大小相等的矩形，填充色设置为刚刚建立的新色板图案，效果如图 8-75 所示。

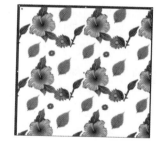

图 8-75　使用新色板图案填充

　　（5）可以看到有一些部分是重复覆盖的，这时候可双击"色板"中新建的这个图案"色板"，在弹出的对话框中单击"确定"按钮，这时候就可以调整"画板"中的图案了。调整完成后单击"完成"按钮就可以了。如果觉得图案太大，可以双击"比例缩放工具"，取消"变换对象"这个选项，在"比例缩放"中设置"等比"为"45％"，单击"确定"按钮，效果如图 8-76 所示。

　　（6）选择"椭圆工具"并按住 Shift 键绘制一个正圆。填充色为刚刚绘制的图案。按 Ctrl＋C 组合键复制和 Ctrl＋F 组合键原位置粘贴，将新的圆选中并按 Shift＋Alt 组合键等比例放大一些，填充色改为棕色。按 Ctrl＋Shift＋[ 组合键将其后移一层，效果如图 8-77 所示。

图 8-76　按比例缩放后效果

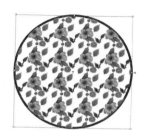

图 8-77　等比例放大后效果

　　（7）执行"效果"→"风格化"→"投影"命令，参数如图 8-78 所示。

　　（8）最终效果如图 8-79 所示。

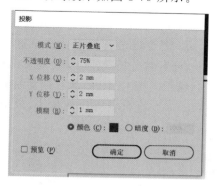

图 8-78　"投影"参数

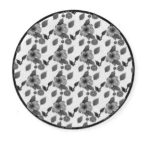

图 8-79　最终效果

四方连续图案设计.mp4

## 任务拓展二　团花图案

　　（1）选择"新建"（或 Ctrl＋N 组合键），自定义一个新文档。在右侧参数栏设置"名称"为"团花图案"，"画板"数量为"1"，"宽度"为"100mm"，"高度"为"100mm"，"单位"为"毫米"，如图 8-80 所示。单击"确定"按钮创建一个空的新文档。

（2）选择"矩形工具"，在画板中双击，绘制一个 100mm×
100mm 的矩形。填充色为浅鹅黄色。按 Ctrl+2 组合键将其
锁定。选择"椭圆工具"并按住 Shift 键绘制一个正圆，取消填
充色，描边色改为黑色。在"对齐面板"中使圆形"垂直居中对
齐"面板，效果如图 8-81 所示。

（3）选择"直线段工具"并按住 Shift 键绘制一条直线。使用
"旋转工具"选择"30 度"，单击"复制"按钮。按 Ctrl+D 组合键
连续复制，效果如图 8-82 所示。

（4）全选，执行"窗口"→"路径查找器"→"分割"命令，效
果如图 8-83 所示。右击，取消编组，效果如图 8-83 所示。

图 8-80　"新建文件"参数设置

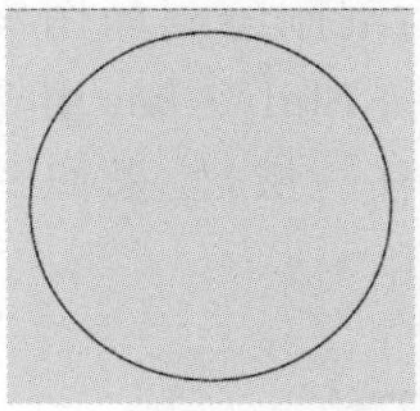

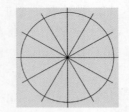

图 8-81　绘制正圆并与画板水平
　　　　　垂直居中对齐

图 8-82　连续复制后效果

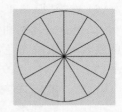

图 8-83　路径查找器

（5）只留一个，将多余的部分都删除。使用"直接选择工具"调整圆弧大小。选中这个
圆弧，选择"旋转工具"并按住 Alt 键拾取旋转中心（图形尖尖的那一端），选择"30 度"，单击
"复制"按钮。按 Ctrl+D 组合键连续复制。按 Ctrl+C 和 Ctrl+F 组合键原位置粘贴，选中
新的圆弧并按住 Shift+Alt 组合键等比例缩小，效果如图 8-84 所示。

（6）使用"椭圆工具"绘制一个椭圆。使用"旋转扭曲工具"将椭圆进行旋转扭曲。使用
"直线段"工具绘制一条直线，执行"对象"→"路径"→"分割下方对象"命令，删掉后半部
分，效果如图 8-85 所示。

（7）选中刚刚绘制的图案，放到合适的位置上并调整大小。选择"镜像工具"并按住 Alt
键，得到一个镜像的图形。将两个图形都选中，按 Ctrl+G 组合键进行编组。选中这个图
形，选择"旋转工具"并按住 Alt 键拾取旋转中心，选择"60 度"，单击"复制"按钮。按 Ctrl+D
组合键连续复制。将它们都选中并按 Ctrl+G 组合键进行编组。按 Ctrl+C 组合键复制和按
Ctrl+F 组合键原位置粘贴，将新的圆形选中并按住 Shift+Alt 组合键等比例缩小，效果如
图 8-86 所示。

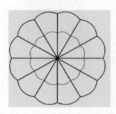

图 8-84　连续复制

图 8-85　对旋转扭曲后图形进行分割

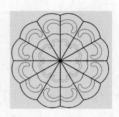

图 8-86　效果图（1）

（8）使用"弧形工具"绘制一条弧线，做一个镜像的复制。同时选中这两条弧线，重复上述步骤，效果如图 8-87 所示。

（9）使用"椭圆工具"绘制一个椭圆，使用"直接选择工具"调整左边和右边的锚点，形成一个菱形，选中并使它旋转"90 度"，再复制一个，如图 8-88 所示。

（10）按 Shift＋M 组合键打开"形状生成器工具"，拖动鼠标以生成形状，效果如图 8-89 所示。

　　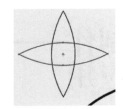　　

图 8-87　镜像复制　　　　图 8-88　旋转菱形并复制后效果　　　　图 8-89　生成星形

（11）按住 Shift＋Alt 组合键等比例缩小该星形，并放置到合适的位置，如图 8-90 所示。

（12）将两个星形都选中，按 Ctrl＋G 组合键进行编组。选中这个图形，选择"旋转工具"并按住 Alt 键拾取旋转中心，"角度"选择"60 度"，单击"复制"按钮。按 Ctrl＋D 组合键连续复制，效果如图 8-91 所示。

（13）在配色网站"Color Hunt"上找自己需要的配色，对图案进行填充，最终效果如图 8-92 所示。

　　　　　　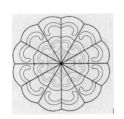

图 8-90　等比例缩放后效果　　　　图 8-91　效果图（2）

图 8-92　最终效果

团花图案.mp4

# 项目九

# 包装盒的制作——图形创意在包装上的应用

 **项目导读**

　　本项目致力于培养学生的包装类产品设计与制作实践能力,聚焦于运用 Adobe Illustrator 软件这一专业矢量图形工具,开展具有实际应用价值的包装设计课程。本项目的核心目标是指导学生从基础绘图功能出发,逐步掌握设计折叠纸盒所需的精确刀版图绘制方法,确保设计方案能够无缝过渡到实际生产阶段。在具体设计环节,项目强调创新思维与专业技能的融合,鼓励学生运用高级文字排版技术和丰富的图形创意元素,创作出既实用又富有艺术感的纸质包装容器。在结构设计方面,项目要求学生注重各个组件体板间的细微衔接与工艺配合,充分考虑包装的力学稳定性和便捷性,确保包装盒在满足功能需求的同时,也能体现出色的设计感。

　　为了锻炼学生适应多元市场需求的能力,项目选取了三种不同类型的包装设计任务作为载体,分别是儿童玩具开窗盒设计——要求设计充满童趣且直观展示内部商品的窗口结构;口罩包装盒设计——着重突出卫生防护产品的简洁高效形象以及环保理念;蜂蜜包装盒设计——倡导自然美学,采用实物图形与插画风格相结合的方式展现蜂蜜产品的纯天然特性。

　　通过这些具体的实战练习,项目旨在全面提升学生对于不同风格包装设计的把控力,使他们在实践中积累经验,成长为既能把握市场趋势又能独立完成高品质包装设计的专业人才。同时,项目也致力于促进理论知识向实践技能的有效转化,培养兼具审美素养和技术实力的包装设计师队伍。

 **项目学习目标**

**1. 素质目标**

　　本项目旨在训练学生在利用 Illustrator 进行包装设计中,利用绘图工具绘制出折叠纸盒的刀版图。利用文字排版和图形创意设计出别出心裁的纸质包装容器。在项目载体的结构选择上须注意各个体板的细节处理与配合,装潢上可采用实物图形和插画风两种形式。培养学生不同风格包装的设计技巧。

**2．知识目标**

（1）掌握利用 Illustrator 软件绘制刀版图的方法。

（2）掌握包装结构——开窗纸盒的设计技巧。

（3）掌握包装图形设计的方法。

（4）掌握包装设计的有效区域与无效区域。

（5）了解包装色彩设计的技巧。

**3．能力目标**

（1）具有利用 Illustrator 软件设计包装结构图的能力。

（2）具有利用 Illustrator 软件进行实物图形包装图文设计的能力。

（3）具有利用 Illustrator 软件进行插画风包装图文设计的能力。

 **项目学习理论基础**

　　包装设计和传统的平面设计、电商设计有一定的关联性，但是区别也非常大，包装设计的区域性更强一些。平面设计、电商设计可以随意发挥想象力，但是包装设计有一定的区域限制，存在设计的有效区域和无效区域。设计的无效区域是指纸盒放在货架上展示时，消费者不能第一眼看到的纸盒面，比如侧板、后板。无效区域的设计内容主要是一些必需的描述性文字，例如饮品配料、使用方法、保护方法、产地、储藏方法等信息。还有国家规定的一些必需信息，例如药品等一些特殊类制剂配料准字号、许可证号，保质期、地址、电话、二维码等一切必需的描述性文字，这些描述性文字只需简单排版。包装容器的造型确定包装的展开图形，展开图形画出来后，划去无效区域后剩余的区域即用来创作的区域也叫作有效区域。面对消费者的纸盒面，比如，前板、上板，是设计者想要给消费者传达信息的最主要的一个阵地。

　　在产品包装中，图形创意是必不可少的，图形创意分为五类，一是产品实物形象图形，二是产地特征图形，三是原材料成分图形，四是标志图形，五是装饰图形。

　　（1）产品实物形象图形是包装图形设计中最常用的一种表现手法。是以写实的手段来表现产品的真实面貌，或者说使用产品的真实情节让消费者能够从包装直接了解产品的外形、色彩、材质等。

　　（2）产地特征图形是指每一个国家、每一个城市、每一个民族都有的特色产品。产地就成为这些产品质量的象征和保证，这种产地属性让某些商品，拥有了"贵族"的血统，例如法国的香水、红酒，古巴的雪茄，瑞士的钟表，中国新疆的核桃。

　　（3）原材料成分图形是指用产品的原材料来进行展示，例如豆奶粉、罐头、果汁等的包装。通过展示原材料成分的表现手法，有助于帮助消费者更加深入地去了解产品的特色

　　（4）标志图形是商品包装在流通和销售过程中的产品身份象征。CCTV 最近就推出"品牌计划"来增强消费者的认识度。例如茅台酒的包装非常简单，就只有很简单的几个字，但是在中国人民的认知里，就认为是"国酒"，就认为很好。标志是日积月累的一个过程，包装设计其实也是一种磨砺，因为设计出一种经典包装，可以沿用很久。

　　（5）装饰图形是指根据形式美法则进行创作设计，对图形形态使用归纳、简化、夸张、重复、图底翻转、对比穿插这些造型规律，强调事物的主要特征。外表面的包装形象要与产品

内装物形象保持一致,要准确地传达商品的特征、品质以及形象,而且必须具有鲜明、崭新的独特个性形象,才能够吸引消费者。装饰图形也有局限性,由于文化背景和成长环境的不同,各个国家和民族对于同一事物的观点和感受都不一样。所以在设计当中,对不同地区、国家、民族的不同风俗习惯需要加以注意,同时也要注意适应不同性别、年龄的消费对象。例如日本人把"菊花"视为皇家的象征,但是拉丁美洲国家认为"菊花"是一种妖花;非洲的一些国家忌用狗作为商标的图案,但是有一些国家又特别爱狗,例如美国就可以使用宠物狗作为Logo 来进行商标的使用。所以,设计师在进行设计时,要遵守相关国家和地区的有关规定。

 **项目实施说明**

本项目需要的硬件资源有计算机、联网手机;软件资源有 Windows 7(或者 Windows 10)操作系统、Illustrator CC 2018 及以上版本、百度网盘 App。

# 任务一    儿童玩具开窗盒的设计与制作

## 一、任务描述

本任务设计一款开窗式玩具包装盒,纸盒结构底部为快锁底,盒盖为手提盒盖,为方便看到玩具外形,设计了开窗的结构。装潢上采用与内装物外形相近的图形和必要的文字进行排版设计,如图 9-1 所示。通过本次任务,让学生能够掌握用 Illustrator 绘制底部为快锁底、带提手的开窗盒的刀版图和装潢效果图。

图 9-1    开窗式玩具包装盒

## 二、学习目标

(1) 熟悉 Illustrator 界面各个部分的名称。

(2) 掌握用"直线工具"绘制包装结构、设计刀版图的方法。

(3) 了解有效区域和无效区域的设计重点。

(4) 掌握包装设计的"出血"设置。

(5) 掌握包装设计的图文排版方法。

## 三、任务实施

素材.rar

**步骤一    刀版图的绘制**

本次任务是设计一款儿童玩具包装,材质为单层瓦楞纸板,纸板厚度为 1.5mm。特点是纸盒前端板和顶板开一个面积比较大的孔,采用透明塑料材质做内衬,为方便携带,顶板制作 PVC 材质的拎手。纸盒结构尺寸为 400mm×250mm×300mm。

**1. 新建文档与绘制纸盒立体草图**

打开 Illustrator 软件,新建文档,修改"颜色模式"为"CMYK 颜色";去掉填充色,描边颜色改为白色。在画板内用线条工具绘制纸盒立体草图,如图 9-2 所示。

**2. 绘制刀板图**

(1) 首先绘制前板、侧板和后板。利用"直线工具"绘制一条 300mm 的竖直的直线,按 Ctrl＋Shift＋M 组合键,弹出"移动"对话框,"距离"设置为"400mm","角度"为"0 度",如图 9-3 所示,复制一条直线,同样的方法复制一条距离为 248.5mm 的直线、一条距离为 400mm 的直线,一条距离为 250mm 的直线(须减去一个纸板的厚度)。然后用八条水平直线将竖直直线封闭为矩形,如图 9-4 所示。

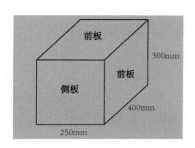

图 9-2　纸盒立体图草图

图 9-3　复制直线

图 9-4　四个封闭矩形

(2) 由于"侧板 1"和"侧板 2"连接摇翼,"前板"和"后板"连接盖板,所以"侧板 1"和"侧板 2"的高度要剪掉一个纸张的厚度,即为"300mm－1.5mm"。具体操作方法为:选中"侧板 1"和"侧板 2"的竖直直线,在"属性"面板中,将参考点移到下方中间位置,将高度设为"298.5mm",然后将"侧板 1"和"侧板 2"上方的水平直线向下移动 1.5mm,如图 9-5 所示。

绘制"制造商接头",考虑到纸张厚度对黏和性的影响,将最左侧直线的上下各收缩一个纸张厚度即 1.5mm。操作方法是选中最左侧直线,在"属性"面板中,将参考点移动到中间位置,将高度改为"297mm"。按 Ctrl＋Shift＋M 组合键,在弹出的"移动"对话框内设置"角度"为"180°",距离为"35mm",将最左侧直线向左侧平移"35mm"。选择"直线工具",双击空白处,弹出"直线段工具选项"对话框,设置"角度"为"15°",长度任意的一条直线,如图 9-6 所示。移动此直线到合适的位置,并调整其长度。再次双击空白处,弹出"直线段工具选项"对话框,设置"角度"为"345°",长度任意的一条直线。移动此直线到合适的位置,并调整长度。同时考虑到折叠过程中纸张厚度的影响,所有水平直线均以中间为基准缩短 1.5mm。为方便绘制,为关键点添加字母标记,绘制效果如图 9-7 所示。

图 9-5　变换直线　　　　　　　　　　图 9-6　"直线段工具选项"的参数设置

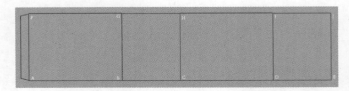

图 9-7　四块体板和制造商接头

（3）绘制"快锁底"。

① 首先绘制后板下方的自锁底,选中直线 AB,按 Ctrl＋Shift＋M 组合键,弹出"移动"对话框,设置角度为"－90°",距离为"125mm",将直线向下方复制 125mm。在"属性"面板中,将参考点移动到中间位置,将宽度改为"200mm",添加字母标记"K"和"L",在这条直线的左端绘制一条长度为 00mm 的直线,按住 Alt 键,复制到直线的另外一端。在后板下方直线两端绘制两条长度为 225mm 的直线,再将绘制的四条竖直直线的水平线封上,绘制效果如图 9-8 所示。

② 其次绘制侧板 1 下方自锁底部分,在后板下方自锁底部分画一条连接 B 点和 L 点的直线,选中直线,执行菜单栏中的"对象"→"变换"→"旋转"命令,设置旋转角度为"90 度",单击"确定"按钮,如图 9-9 所示。将直线移动到侧板下方直线的左端,接着向下绘制一条长度为 100mm 的直线,在侧板下方直线右端绘制直线,并用水平直线将两条竖直的直线连接起来,效果如图 9-10 所示。

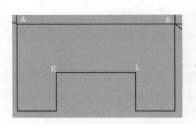

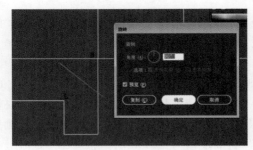

图 9-8　后板下方的自锁底部分　　　　　图 9-9　"旋转"参数设置

③ 绘制前板下方自锁底部分,水平移动直线 KL 到直线 CD 下方中间处,添加字母标记为"M"和"N",在 M 点和 N 点向下绘制长度为 100mm 的直线。绘制两条连接 CM、DN 的直线,然后将直线 MN 移动到下方,绘制效果如图 9-11 所示。

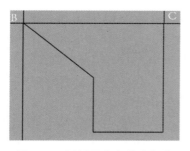

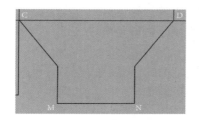

图 9-10　侧板下方自锁底部分　　　　　　　图 9-11　前板下方自锁底部分

④ 绘制侧板 2 下方自锁底部分。选择侧板 1 下方自锁底部分，执行菜单栏中的"对象"→"变换"→"镜像"命令，单击"复制"按钮，如图 9-12 所示。然后将其移动到直线 DE 下方进行细微调整，最终自锁底的效果如图 9-13 所示。

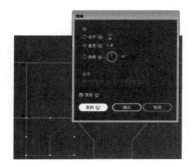

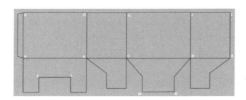

图 9-12　侧板 1 下方的自锁底镜像　　　　　图 9-13　快锁底效果图

（4）绘制盖板。

① 绘制后板上方的盖板。在 F 点和 G 点用"直线工具"绘制两条长度为 250mm 的竖直向上的直线。然后用"直线工具"绘制长度为 100mm、宽度为 30mm 的长方形，选中长方形下方的直线，设置参考点居中，改变尺寸为"50mm"。按 Ctrl＋Shift＋M 组合键，向上复制一条直线，其距离为纸张厚度的 2 倍即 3mm。然后绘制一个小长方形，如图 9-14（a）所示。同时选中矩形和正方形，按 Ctrl＋Shift＋F9 组合键，弹出"路径查找器"面板，选择"形状模式"的第一个选项，如图 9-14（b）所示。选择"直接选择工具"，选择下方矩形锚点，调整

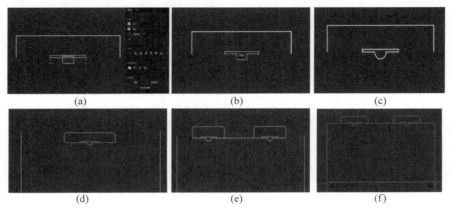

(a)　　　　　　　　　(b)　　　　　　　　　(c)

(d)　　　　　　　　　(e)　　　　　　　　　(f)

图 9-14　后板上方盖板

为圆弧形，如图 9-14(c)所示。用"直线工具"将图形封闭并按 Ctrl＋J 组合键将连接点焊接。选择"直接选择工具"，选中中心点进行倒圆角，如图 9-14(d)所示。将绘制的图形进行复制，调整到合适的距离，然后按 Ctrl＋G 组合键进行编组，如图 9-14(e)所示。

选中上述复制的两个图形和直线 FG，执行"对齐"→"水平居中对齐"命令，调整位置，将部分交点焊接并倒圆角，绘制刀版图如图 9-14(f)所示。

② 绘制侧板上方的防尘襟片。侧板 1 上方的防尘襟片绘制，首先在 G 点绘制一条竖直向上的直线，复制直线 GH 到绘制的直线上端，"长度"减去"8mm"，用"钢笔工具"将图形封闭，同时添加字母标记 O 和 P，在 P 点倒 10mm 的圆角。使用同样的方法在侧板 2 上方绘制防尘襟片，如图 9-15 所示。

③ 绘制前板上方的盖板。在 M 点和 J 点分别绘制竖直向上长度为 248.5mm 的直线，并用"钢笔工具"连接。再绘制锁扣和小插舌，在空白

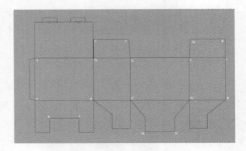

图 9-15　防尘襟片的绘制

处绘制两条长度为 4.5mm 的竖直直线，它们之间的距离为 100mm，在两条竖直的直线之间居中绘制三条水平的长度为 49mm 的直线，然后用"钢笔工具"连接起来，如图 9-16(a)所示。然后在上方交点处绘制半径为 5mm 的倒角，如图 9-16(b)所示。然后将绘制的图形按 Ctrl＋G 组合键进行编组，并放到后板盖板的锁扣位置，同时复制一个放在后半盖板的另一个锁扣位置，再次按 Ctrl＋G 组合键进行编组，如图 9-16(c)所示。

然后居中放到直线 HI 上，同时将交点 S 和 T 进行倒圆角，如图 9-16(d)所示。

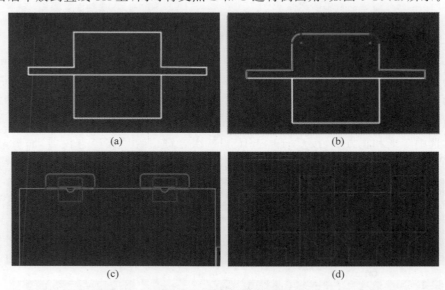

图 9-16　前板上方的盖板

（5）拎手位置的刀线的绘制。

在后板上方盖板处绘制一个"长度"为"120mm"，"宽度"为"20mm"的圆角矩形，"圆角半径"为"2mm"，并居中。将圆角矩形复制到前板上方盖板处，并居中。在圆角矩形左边和右边边线居中绘制两个"长度"为"10mm"，"宽度"为"20mm"的圆角矩形，"圆角半径"为

"2mm",绘制效果如图 9-17 所示。

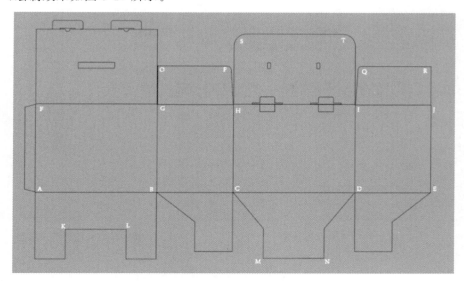

图 9-17　拎手位置的刀线

（6）绘制开窗结构。

① 在后板和后板上方盖板处,绘制一个边长为 300mm 的正方形,并进行"倒圆角"设置。将正方形内的直线剪掉。在边长为 300mm 的正方形的上边和右边画两个参考矩形,如图 9-18 所示。将上面的矩形移动到前板上方盖板处做参考,复制边长为 300mm 的正方形,并居中,如图 9-19 所示。依次选中前板上方盖板和边长为 300mm 的正方形,执行"路径查找器"→"形状模式"→"减去顶层"命令,绘制效果如图 9-20 所示。

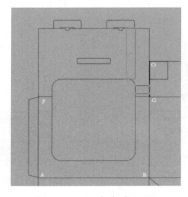

图 9-18　两个参考矩形

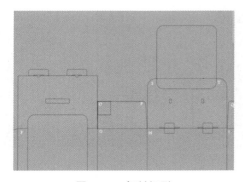

图 9-19　复制矩形

② 将右侧"参考矩形"旋转 90 度,并移动到侧板 1 的防尘襟片之上绘制正方形,如图 9-21 所示。用"钢笔工具"添加"锚点"并移动,绘制效果如图 9-22 所示。使用同样的方法绘制侧板 2 防尘襟片的开窗结构,并倒圆角如图 9-23 所示。

（7）最后进行裁切线的修整,将所有的轮廓线延长,选择"锚点工具"进行焊接。并倒 2mm 的圆角,如图 9-24 所示。删掉字母标记,将折叠线改为虚线。线条颜色改为黑色,调整画板大小,将刀版图调整到画板内,开窗玩具盒的最终刀版图如图 9-25 所示。

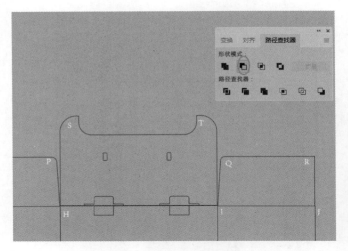

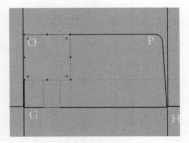

图 9-20　减去顶层效果

图 9-21　旋转参考矩形与绘制正方形

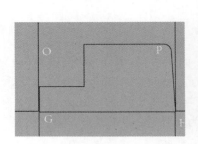

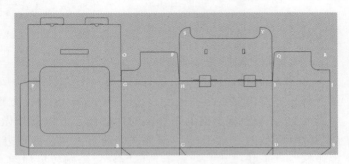

图 9-22　添加锚点并移动后的效果

图 9-23　侧板 2 防尘襟片的开窗结构

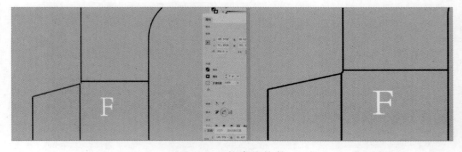

图 9-24　轮廓线修整

刀版图的绘制.mp4

### 步骤二　装潢图的绘制

在本次案例中,恐龙玩具盒的设计包含 Logo 设计、文字设计、图形的调整、开窗部位处理等。下面从包装结构的各个部位进行设计讲解。

1. 前板、盖板和后板图文的设计

(1) 盖板文字的设计。

① 锁定图层"图片层",在图层"文字层"打开素材的"文字"文档,复制 Logo 文字"Dindzi"和"戴兹"至刀版图中,采用"英文在上,中文在下"的排列方式,字体分别选择

"Showcard Gothic"和"庞门正道标题体"。按 Ctrl＋Shift＋O 组合键，将 Logo 文字轮廓化，并进行"居中对齐"。用"椭圆工具"和"文字工具"绘制"注册商标"标志并放在右上角。将 Logo 颜色设置为白色，并放在"盖板"左上方，设计效果如图 9-26 所示。

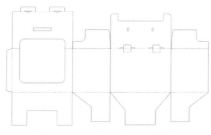

图 9-25　开窗玩具盒刀版图　　　　　　　图 9-26　Logo 设计

②复制素材文字"Dinosaur collection"和"恐龙收藏系列"至刀版图中，字体设为"庞门正道标题体"。打开素材的认证图标，将认证图标拖至刀版图中，调整大小和位置。英文字体为白色，调整中文"恐龙收藏系列"的颜色，执行"窗口"→"外观"命令，在"外观"对话框的右上角选择"添加新颜色"和"添加新描边"，添加新颜色为橙色，添加新描边色为黄色，粗细为 4pt，如图 9-27 所示。执行"窗口"→"描边"命令，在弹出的"描边"对话框中将"端点"和"边角"改为"圆角"。复制文字素材"符合欧盟等多国及地区安全标准"放至刀版图中，字体设为"微软雅黑"，颜色设为"白色"，调整字号大小和位置。

（2）前板字体的设计。将 Logo 和设计的英文"Dinosaur collection"和中文"恐龙收藏系列"，复制到后板下方并调整大小，将英文颜色改为红色。复制素材文字"型号：55023"至后板下方，并调整字号大小。

（3）前板和盖板的图形设计。锁定图层"文字层"，选中"图片层"，绘制矩形框，填充为灰色，矩形大小为可覆盖前板和盖板，并且四条边比刀线图多 3mm。导入素材中的"恐龙图片"，在空白处右击，执行"排列"→"置于底层"命令，或者按 Ctrl＋Shift＋[ 组合键将图片置于底层。选用灰色图片，按 Ctrl＋7 组合键建立"剪切蒙版"。选择刀版层，开窗位置的圆角矩形填充为白色，提手部位矩形填充为白色，设计效果如图 9-28 所示。

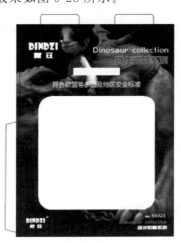

图 9-27　字体颜色的设定　　　　　　　　图 9-28　前板和盖板的设计效果

（4）后板的图形设计。锁定步骤一的刀版图，新建两个图层，一个图层名称为"图片层"，另一个图层名称为"文字层"。锁定图层"文字层"，选中"图片层"，导入素材中的"恐龙图片"，在空白处右击，执行"排列"→"置于底层"命令，或者按 Ctrl＋Shift＋[组合键将图片置于底层，并调整大小。

**2. 侧板的设计**

（1）侧板颜色的设计。选择"图片"图层绘制矩形，为其绘制渐变色。选择"拾色器工具"确定"颜色 1"，"颜色 1"的 C 值为 100，M 值为 85，Y 值为 53，K 值为 23。打开"色板"，将"颜色 1"拖至"色板"中。选择"拾色器工具"确定"颜色 2"，"颜色 2"的 C 值为 100，M 值为 90，Y 值为 75，K 值为 70，打开"色板"，将"颜色 2"拖至"色板"中。选择渐变填充，双击左侧"渐变滑块"，选择色板中的"颜色 1"，双击右侧"渐变滑块"，选择色板中的"颜色 2"，拖动鼠标实现"由上到下渐变"。

（2）侧板文字的设计。锁定"图片"图层，打开"文字"图层，将素材中的大段文字复制进来。字体选择"微软雅黑"，颜色设为白色，并将设计的 Logo 复制到文字上方。复制素材中的文字"源自中国服务全球"复制进来，字体选择"微软雅黑"，颜色设为白色，放在大段文字的下方。调整文字位置和间距，设置居中对齐。复制侧板颜色和 Logo 至另外侧板，将素材中的文字"产品尺寸、产品型号、主要材质"复制进来，调整字体为"微软雅黑"，颜色为白色，将素材中的二维码和认证标志符号复制进来，放在体板下方位置，最终设计效果如图 9-29 所示。

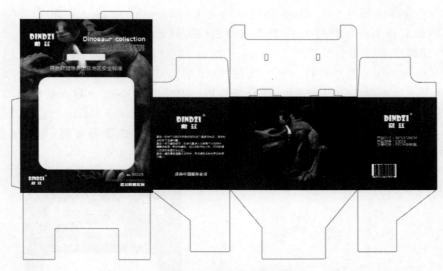

图 9-29　最终设计效果

# 任务二　口罩包装盒的设计与制作

## 一、任务描述

本任务是设计一款口罩包装，结构要求是：在功能上必须满足容易取出单只口罩，单只口罩取出前后，其他口罩不会受到污染；绿色产品的简约设计方面应该做到减少材料与成本消耗并且便于一体化机械化的生产;在人体工程学的设计上应该满足取用孔或提手的设计符合手指和手掌的宽度和高度这一标准。范例是一款易于取口罩的设计,防尘效果好。在管式折叠纸盒的基础上,在右侧板设计了撕裂缝,用于取出单只口罩,并加上侧盖板增强了防尘效果。

　　装潢要点:宣传标语显示人文情怀。"春风十里,'罩'顾好自己"是受到图片素材中可爱情侣的启发,体现了我们对所爱之人的最美好的感情。"致敬逆行的你,'罩'顾好自己"是专为医护工作者设计的,为他们送出包装设计者的关怀。"时间渗透着无尽的爱,'罩'顾好自己"代表了母亲和孩子之间亲情的牵绊,新文案结合图片素材,流露出丝丝亲情的温暖,最终设计效果如图 9-30 所示。

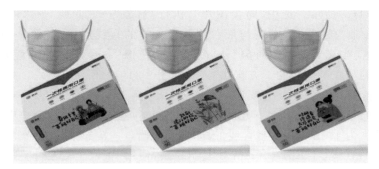

图 9-30　口罩包装最终设计效果

## 二、学习目标

（1）熟悉 Illustrator 绘制管式折叠纸盒刀版图。
（2）熟悉 Illustrator 绘制装潢图。
（3）了解包装装潢的设计要素。
（4）了解包装各个体板设计的特点和设计布局。

素材.rar

## 三、任务实施

### 步骤一　口罩包装盒刀版图绘制

**1．正面、侧面、背面、侧面刀版图设计**

打开 Ai,按 Ctrl+N 组合键新建画板,"画布"大小为 800mm×500mm。使用"直线工具"绘制绘长度为 100mm 的竖直的直线。选中直线,按住 X 键,调出"移动"命令,分别在 174.5mm、100mm、175mm、100mm 处各复制一条,然后用水平的直线连接起来,如图 9-31(1)～(4)所示。

**2．绘制制造商接头**

选中最右侧的竖直直线,按住 X 键,调出"移动"命令,在 15mm 处复制一条,在"属性面板"中选中中间参考点,修改长度为 90mm,使用"直线工具"将两端的锚点连接起来,如图 9-31(5)所示。

**3．绘制上盖板**

选中最左侧体板上方的直线,在 100mm 处复制一条,连接两端锚点,在盖板上方 15mm

处绘制长度为 90mm 的"制造商接头"（方法见"2.绘制制造商接头"），如图 9-31 中（6）处所示。

**4．绘制侧板的盖板**

选中盖板右侧的直线，在水平向右 100mm 处复制一条直线，连接两侧锚点，继续向右侧绘制一个矩形，其宽度为 15mm，高度为 100mm。使用"直接选择工具"选中右上和右下的中心原点并拖动，倒 5mm 的边角，并将多余的直线删掉，如图 9-31（7）所示。

**5．绘制防尘襟片**

选用最右侧体板上方的直线，按 X 键，调出"移动"对话框，在上方 50mm 处，复制一条直线。选中直线，在"属性对话框"中调整"参考点"到右侧，将直线长度改为 70mm，连接两侧锚点，如图 9-31（8）所示。选中"防尘襟片"，执行"对象"→"变换"→"镜像"→"水平镜像"命令，单击"复制"按钮。移动到与最右侧体板上方的直线连接，如图 9-31（9）所示。继续选择镜像后的防尘襟片，执行"对象"→"变换"→"镜像"命令，选择"垂直镜像"，单击"复制"按钮。移动到与左侧侧板的下方直线连接，如图 9-31（10）所示。

**6．绘制底盖板**

选中体板（3）下方的直线，在下方 49.5mm 处复制一条，在"属性"面板中将参考点移动到左侧，修改长度为 155mm，使用"直线工具"将两侧锚点连接起来，如图 9-31（11）所示。选择体板（1）下方的直线，在下方 100mm 处复制一条，使用"直线工具"将两侧锚点连接起来。选中下方的直线，在 15mm 处复制一条，在"属性"面板中将参考点移动到中间，修改长度为 153.5mm，并且绘制锁扣，如图 9-31（12）所示。

**7．绘制撕裂缝**

在体板（2）上用半断刀切线绘制用作抽取口罩的撕裂缝。绘制两个交叉矩形，一个矩形尺寸为 90mm×5mm，另一个矩形尺寸为 20mm×10mm。选中这两个矩形，执行"路径查找器"→"联集"命令，创建一个复合形状。使用"直接选择工具"分别选中复合形状上方和下方的两个顶点，拖动中心点，倒圆角，如图 9-31（13）所示。

扫描二维码可查看口罩包装刀版图绘制视频。

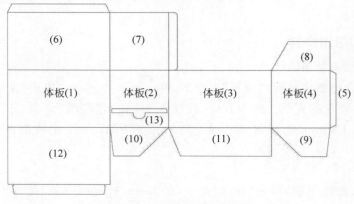

图 9-31　口罩包装结构刀版图

口罩包装刀版图绘制.mp4

### 步骤二　口罩包装盒装潢图的绘制

下面我们分析口罩包装盒的刀版图。纸盒成型后,面对消费者的是体板(3),所以体板(3)是装潢的有效区域,是主要的装潢面。在主要的装潢面上,需要体现的信息有主图、宣传语、Logo、产品名称、容量和医疗注册编号等。盖板和体板(1)的面积较大,也可以是装潢的有效区域,可用来设计简洁的产品信息和产品主图,比如产品名称、简图、规格、大小、生产厂家等信息。侧板为装潢的无效区域,主要是佩戴方法、规格参数、二维码、生产许可等信息。

**1. 主装潢图的绘制**

打开 Illustrator 文件中的口罩包装刀版图,新建图层,修改名称为"前板装潢"。执行"文件"→"置入"命令,选择"春风十里.png"主图,放在体板(3)中心靠右的位置。将 Slogan(广告语)"春风十里,'罩'顾好自己"放在主图左侧的位置。置入素材库的 Logo,放在体板(3)的左上角。在体板(3)左侧绘制矩形,用颜色"吸管工具"吸取主图颜色进行填充,例如吸取 CMYK 颜色值(C=70,M=30,Y=65,K=15)。使用"选择工具"选择中心点拖动,形成圆角矩形。输入竖排文字"一次性防护口罩",颜色为白色。在体板(3)左下角绘制两个紧挨的矩形,上下放置,拖动上面矩形的角部中心点,绘制圆角,颜色为用颜色"吸管工具"吸取的圆角矩形颜色,并输入文字"内装50片"。在体板右上角绘制两个矩形并排放置,一个填充为"吸取"的颜色,另一个边框为紫色,输入文字"高温灭菌 三层防护",下面输入口罩尺寸"17.5mm×9.5mm"。在右下角输入"医疗注册编号:海食药监械生产许 20200596 号"。

主图可替换为素材库中的"母女.png"和"医护.png",Slogan 可替换为"致敬逆行的你,'罩'顾好自己"和"时间渗透着无尽的爱,'罩'顾好自己",设计效果如图 9-32 所示。

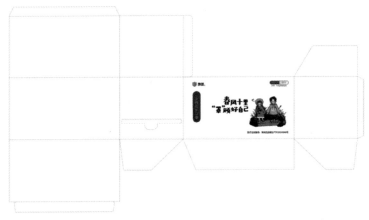

图 9-32　主装潢图的绘制

**2. 后板装潢图的绘制**

新建图层"后板装潢",在体板上方绘制矩形,填充 CMYK 值为(C=70,M=30,Y=65,K=15)的颜色。执行"文件"→"置入"命令,选择素材库中"口罩.jpg",调整大小,放在体板(1)中心的位置。

输入产品名称"一次性医用口罩"并放在区域左上角,调整字体为"微软雅黑",字号为"30pt"。执行"比例缩放工具"→"倾斜工具"命令并拖动字体使之倾斜。在产品名称上方输入英文"DISPOSABLE MADICAL FACE MASK",选择字体"Acumin Variable

Concept",字号为"14pt",颜色为白色。在体板的左下角输入公司名称和其他必要信息,并调整为左对齐和大小。将前板装潢的产品大小和数量分别拖动至右上角和右下角,设计效果如图 9-33 所示。

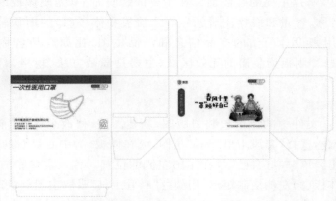

图 9-33　后板装潢图的绘制

**3. 上板装潢图的绘制**

在上板体板底部绘制一个矩形,使用"钢笔工具"在矩形的上边线中点添加锚点,使用"锚点工具"和"直接选择工具"进行调整,填充 CMYK 值为(C=70,M=30,Y=65,K=15)的颜色。将产品名称的中文和英文放在体板中间,执行"对象"→"变换"→"旋转"命令,调整旋转角度为 180 度。在产品名称下方添加产品特性的小图标。将产品的 Logo 和规格分别复制在体板左下角和右下角,并进行 180 度旋转,设计效果如图 9-34 所示。

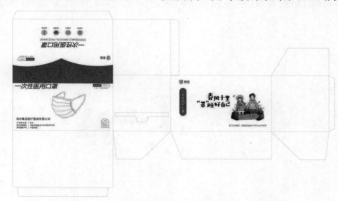

图 9-34　上板装潢图的绘制

**4. 侧板装潢图的绘制**

带有横开缝的侧板外侧有盖板,所以无须装潢。侧板作为无效的装潢面,只需要一些必要的产品文字信息。侧盖板装潢的主要内容为产品名称和"功能与特性"以及"规格与参数",将文字信息进行必要的对齐和排版。在侧板(4)上放置使用方法的图标、文字信息和二维码、生产许可等信息,最终设计效果如图 9-35 所示。

扫描二维码可查看口罩包装装潢图绘制视频。

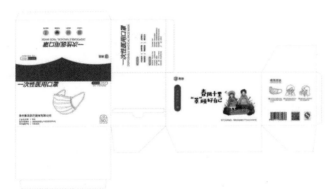

图 9-35　最终设计效果　　　　　　　　　　口罩包装装潢图绘制.mp4

## 【知识拓展】　Illustrator 字体设计

1. 几何形塑造字体

利用 Illustrator 的"路径查找器（也叫修整）浮动"面板，通过对规范的几何形，进行相加、相减、相交、分割等操作，从而设计出形态各异的笔画来，再运用字体设计规律把这些笔画搭建成完整的字型。例如用"圆形工具""矩形工具""圆角矩形工具""直线工具"绘制出图形，注意图形相交的部分即为我们想要设计出的笔画，具体操作为用"修整面板"中的"分割"把这些图形全部割裂开，再用"选取工具"从中选择出想要的笔画，并填色备用。用这种造型方法的好处在于可复制相同的笔画，从而可以保证字体风格的整体统一。

2. 等宽的路径线条造字

Adobe Illustrator 的路径线条在缺省状态时是等宽的，我们可以先用"路径"勾画好"笔画"的"芯"，也就是笔画的中心线，再通过调整"路径"的线宽来改变笔画的粗细，从而形成不同的字的面貌。最后把"路径"扩展成可填充的"面"，这样就可以添加任意颜色了。

3. 创造艺术画笔

Adobe Illustrator 给我们提供了很多形态各异的"画笔"，利用其中的"艺术画笔"可以创造出丰富的字型。"艺术画笔"的特点就是把画笔形状"撑满"在"路径"上，充分利用这一点即可做到事半功倍。我们先画一个圆形，再移动圆形上的任意一个节点，把这个圆形调整成基本形，再镜像翻转，经过这两个步骤调整后的图形就是我们想要的"艺术画笔"。之所以要建立两个不同方向的画笔，是为了让写出来的笔画不至于太单调。下一步就是用"铅笔工具"或者"毛笔工具"（当然"钢笔工具"也可以）写出字的基本结构，再在"画笔面板"里选中刚才我们建立的"艺术画笔"，注意两个不同方向的画笔要穿插使用以增加变化，还要适当调整个别笔画的粗细，再把这些艺术笔画都扩展成填充的面，然后填充渐变的色彩，并通过向外偏移路径形成字体的粗外轮廓。

4. 美妙的螺旋线

Illustrator 的"螺旋线工具"所画出的图形天生就有种韵律美感，字体设计时不妨把它嵌入到笔画里，和横竖笔画构成曲直的对比关系。使用不同的艺术画笔画出螺旋线，先用"直线工具""圆角矩形工具"还有美妙的"螺旋工具"绘制出字型的基本结构，然后加宽笔画的轮廓并调整到合适的粗细程度。最后把轮廓扩展成面，向外描边，加一些点缀即可完成。

# 任务三　蜂蜜的包装设计与制作

## 一、任务描述

设计一款蜂蜜包装,包装结构采用纸板材质的折叠纸盒,蜂蜜包装盒的尺寸为170mm×140mm×45mm,包装外盒有一部分是镂空的,能直接看出蜂蜜晶莹剔透的质感。插画中的熊为伪装成蜜蜂偷蜂蜜的憨态可掬的偷蜜熊,被发现时表情窘态,包装效果如图9-36所示。

## 二、学习目标

(1) 熟悉 Illustrator 绘制管式折叠纸盒的刀版图。
(2) 会使用 Illustrator 的"钢笔工具"绘制图文素材。
(3) 了解包装色彩的搭配技巧。

## 三、任务实施

### 步骤一　蜂蜜包装盒的刀版图绘制

**1. 正面、侧面、背面、侧面刀版图设计**

打开 Ai,按 Ctrl+N 组合键新建"画板"。使用"矩形工具"新建一个 140mm×170mm 的矩形,再新建一个 45mm×170mm 的矩形。选中这两个矩形,只保留线框,按住 Alt 键拖动并复制,这四个矩形从左至右分别为包装盒的正面、侧面、背面、侧面,如图9-37所示。

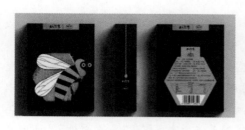

图 9-36　蜂蜜包装效果图

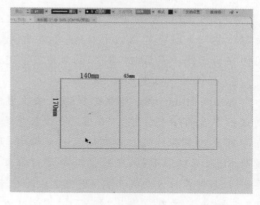

图 9-37　包装盒的正面、侧面、背面、侧面

**2. 蜂蜜包装盒的轮廓设计**

使用"矩形工具"在线框右侧新建一个 15mm×170mm 的矩形。按住 A 键直接选择矩形右侧的两个点,使它倾斜一些。再新建一个 140mm×45mm 的矩形,按 Alt 键拖动并复制三个,分别放置在正面以及背面的上、下位置,如图9-38所示。

**3. 瓶体的轮廓设计**

选择"多边形工具",按住 Shift 键绘制一个高度为 90mm 的正六边形作为瓶身。使用"矩形工具"新建一个 25mm×5mm 的矩形作为瓶口。再新建一个 30mm×15mm 的矩形

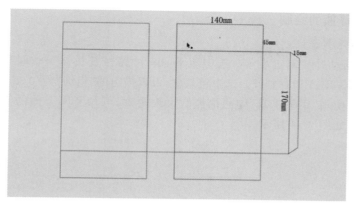

图 9-38  包装盒的轮廓

作为瓶盖。选中瓶子进行重组,再将它移至正面,距正面底部 20mm,按 Alt＋Shift 组合键水平复制到背面,并居中对齐,如图 9-39 所示。

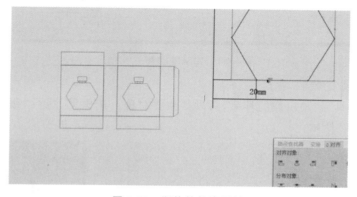

图 9-39  瓶体的轮廓设计

### 4. 使用偏移工具修改瓶体轮廓

按住 Alt 键拖动并复制正面、侧面、背面、瓶子,使用"钢笔工具"调整瓶口的锚点,让它与"瓶盖"宽度相同,选中"瓶子"曲线,执行"对象"→"路径"→"偏移路径"命令,删除里面的线框,按 Alt＋Shift 组合键水平复制到背面,并居中对齐,如图 9-40 所示。

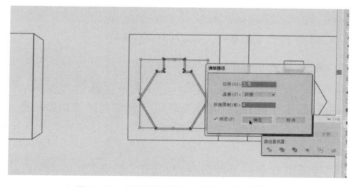

图 9-40  使用"偏移工具"修改瓶体轮廓

**步骤二　偷蜂熊的绘制**

**1. 偷蜂熊的轮廓设计**

按住 Alt 键拖动并复制包装盒。选中瓶子,执行"路径查找器"→"联集"命令。再选中瓶口的锚点,分别左对齐和右对齐。选中包装盒,设置描边的"粗细"为"0.25pt",按 Ctrl+2 组合键,将其锁定。使用"钢笔工具"勾画出熊的大致轮廓,可参考网上熊的实物图形,按住 A 键进行细节调整,如图 9-41 所示。

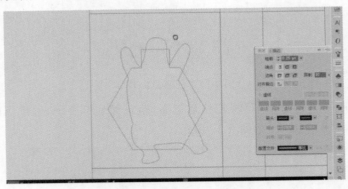

图 9-41　偷蜂熊的轮廓设计

**2. 偷蜂熊耳朵的绘制**

使用"钢笔工具"勾画出熊的耳朵,两只耳朵要对称。选中熊,执行"路径查找器"→"联集"命令,如图 9-42 所示。

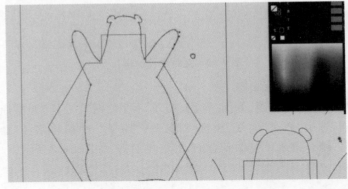

图 9-42　偷蜂熊耳朵的绘制

**3. 偷蜂熊眼睛、鼻子、嘴巴的绘制**

使用"椭圆工具"绘制一个圆,使用"钢笔工具"简单变换圆的形状,并填充黑色。按住 Alt 键拖动并复制,再进行水平翻转,使其作为眼睛。使用同样方法做出鼻子、嘴巴,如图 9-43 所示。

**4. 偷蜂熊背心的绘制**

使用"钢笔工具"勾画出背心的基础造型,描边的"粗细"为"0.25pt"。使用"画笔工具"绘制眼罩,按住 A 键进行细节调整,再使用"钢笔工具"勾画出背心的条纹线条,"描边"的"粗细"为"1pt",如图 9-44 所示。

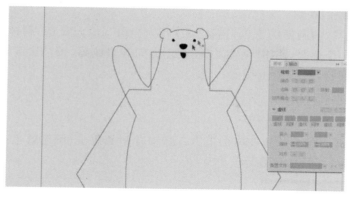

图 9-43　偷蜂熊眼睛、鼻子、嘴巴的绘制

图 9-44　偷蜂熊背心的绘制

**5. 偷蜂熊背心的上色**

选中熊的造型,按 Shift+M 组合键打开"形状生成工具"。单击阴影部分,将小熊的各部位依次生成形状。使用"钢笔工具"在鼻子、嘴巴下方勾画轮廓,按住 A 键进行细节调整。使用"矩形工具"新建两个矩形,并填充黑色和黄色。分别选中小熊的各部位,使用"吸管工具"进行上色,如图 9-45 所示。

图 9-45　为偷蜂熊背心上色

**6. 偷蜂熊翅膀的绘制**

使用"钢笔工具"勾画熊的下巴,描边"粗细"为"1pt",填充黄色,删掉多余线条。使用"椭圆工具"绘制一个椭圆,使用"钢笔工具"在上方勾画出纹路,按 Alt 键拖动并复制,并使之水平翻转作为翅膀,如图 9-46 所示。

**步骤三　其他素材绘制**

**1. 商标、Logo、文案的设计**

拖入商标、Logo 素材,放置在熊的上方。选中背面的瓶子,填充黄色。拖入文案素材,放置在瓶子的上方,如图 9-47 所示。

图 9-46　偷蜂熊翅膀的绘制　　　　图 9-47　商标、Logo、文案的设计

**2. 正面上部及侧面商标的设计**

使用"矩形工具"在背面顶部新建一个 80mm×10mm 的矩形,填充黄色,拖入商标、Logo 素材,将商标颜色改为黑色。按 Ctrl＋T 组合键调整大小、位置。使用"多边形工具"在侧面绘制一个高度为 28mm 的正六边形,填充黄色。使用"钢笔工具"绘制一条线,描边"粗细"为"4pt"。使用"宽度工具"将线条调整成蜂蜜流下来的形状,拖入商标、Logo 素材,放置在合适位置。选中做好的侧面中的形状,按住 Alt＋Shift 组合键水平复制到另一个侧面,再拖动商标素材放置在正面、背面上的封口上,并居中对齐,如图 9-48 所示

图 9-48　商标设计

**3. 最终效果**

蜂蜜包装的最终设计效果如图 9-49 所示。

图 9-49　蜂蜜包装的最终设计效果

# 参 考 文 献

[1] 皮小兰.结合 Illustrator 教学实例探讨直接教学模式[J].职业教育研究,2013(4).

[2] 何丽丽.Illustrator 软件中提升学生动手能力的教学改革[J].大众标准化,2020(16).

[3] 杜明明,吕闯,马乐瑶.绘图软件 Illustrator 在胚胎学教学中的应用初探[J].电脑知识与技术,2009 (7).

[4] 江勇,李朝前.Illustrator 软件在科技期刊插图中的应用[J].江汉大学学报(社会科学版),2008(4).

[5] 王欢.平面设计下 Illustrator 在挂图中的设计实现[J].电子技术与软件工程,2014(14).

[6] 刘成.浅析计算机软件教学中对于茶叶包装图像清晰度的设计研究——以 Illustrator 软件为例[J]. 福建茶叶,2017(11).

[7] 王永虎.平面设计软件(Illustrator)教学的有效性方法研究[J].巢湖学院学报,2015(2).

[8] 田茵.Illustrator 软件在三维效果设计中的应用[J].电脑知识与技术,2005(30).

[9] 奚峡.高职院校 Illustrator 课程教学模式改革探讨[J].天津职业院校联合学报,2011(5).

[10] 高晖,张法鹏,陈林江.Illustrator 在西部测图项目制图数据生产中的应用[J].测绘技术装备,2008 (4).

[11] 钟进兰,陈宇斌.基于企业案例的微课设计与开发研究——以计算机平面设计专业《Illustrator 图形 设计与制作》课程为例[J].课程教育研究,2020(40).

[12] 黄建威.浅析艺术类课程的创新教法——任务驱动教学法在 Illustrator 中的应用[J].新课程研究(中 旬刊),2012(9).

[13] 王海燕.巧用 Illustrator 绘制传统图案[J].考试周刊,2010(57).

[14] 李远,钟正武.Illustrator 软件中提升学生动手能力的教学改革[J].艺术品鉴,2015(11).